普通高等教育"十二五"规划教材

高职高专电气电子类专业任务驱动、项目导向系列化教材

U0140999

传感器检测与应用

主　编　王　斌

副主编　周惠忠　丁晨阳　葛东旭

参　编　唐明军　周　杰

国防工业出版社

National Defense Industry Press

内 容 简 介

本书是高等职业教育"十二五"规划教材,本书的编写以工作过程系统化的理念为指导,以典型项目任务为依托,以传感器的测量应用为学习情境,每个学习情境是以一个具体的工程项目为主线,通过知识点拨、知识运用和知识拓展等环节全面介绍了常用传感器的基本原理、参数、检测方法、典型电路以及安装调试等。

本书内容丰富,结构紧凑,图文并茂,通俗易懂,符合认知规律。情境项目的选择均来自生产实践,具有较强的准确性、实用性和科学性。每个学习情境均提供了学习评价习题,便于及时检查、总结和提高。

本书可作为高职高专类院校电气自动化、机电技术、应用电子、智能楼宇、仪器仪表、汽车制造、机械、数控等专业的教材,也可作为成人教育和职业培训的指导教材,对从事企业生产、运行人员和相关工程技术人员也具有一定的参考价值。

图书在版编目（CIP）数据

传感器检测与应用/王斌主编. —北京:国防工业出版社,2012.9

高职高专电气电子类专业任务驱动. 项目导向系列化教材

ISBN 978 - 7 - 118 - 08282 - 1

Ⅰ.①传… Ⅱ.①王… Ⅲ.①传感器 – 高等职业教育 – 教材 Ⅳ.①TP212

中国版本图书馆 CIP 数据核字(2012)第 186165 号

※

国防工业出版社出版发行

（北京市海淀区紫竹院南路23号　邮政编码100048）
国防工业出版社印刷厂印刷
新华书店经售

*

开本 787×1092　1/16　印张 12　字数 296 千字
2012 年 9 月第 1 版第 1 次印刷　印数 1—4000 册　定价 26.00 元

（本书如有印装错误,我社负责调换）

国防书店:(010)88540777　　　发行邮购:(010)88540776
发行传真:(010)88540755　　　发行业务:(010)88540717

前 言

本书是面向高等职业教育的"十二五"规划教材,是为了满足教育部对高等职业教育教学改革,以及在"传感器检测与应用"课程改革的基础上编写而成的。

"传感器检测与应用"是一门实践性十分强的课程。为了适应现代高等职业教育的特点和学生的认知规律,本书从职业教育的特点出发,针对传感器类产品的生产、制造、检验、维修等职业岗位需求,以传感器应用能力的培养为重点,以工作过程系统化的理念为指导,以典型项目为依托,实现"教、学、做"合一。

本书在内容的选取上立足于技能型人才培养的知识要求,不再对传感器理论做过多的研究,主要介绍制造业技术岗位上常用传感器的基本原理、特性参数、转换电路、综合实践应用,以及如何组成系统等知识。在内容的编排上打破传统教材模式,构建学习情境来展开教学,在项目的实施过程中实现了知识和技能的学习,突破重难点,以利于学生在今后工作中能很快适应岗位的需要,应用所学知识解决实际遇到的技术问题。

本书针对被测量的对象不同分为七大学习情境,在每个学习情境中,又根据不同的测量原理和方法分为若干个学习子情境。每个学习子情境按照知识点拨、知识运用、知识拓展、知识总结评价的顺序进行,满足工作前、工作时、工作后的知识需求。学习情境 1 为"认识传感器",主要介绍传感器的概念和基础知识;学习情境 2 为"力的检测",分为"数显电子秤的实现"和"振动感知电子狗的实现"两个子情境,主要介绍应变式传感器和压电式传感器;学习情境 3 为"温度的检测",分为"燃气热水器的火焰监测"和"机床电机的过热保护"两个子情境,主要介绍热电偶传感器和热电阻式传感器;学习情境 4 为"位移的检测",分为"滚珠直径的自动分选"、"汽轮机轴向位移的监测"和"数控机床位移的控制"三个子情境,主要介绍电感式传感器、电涡流式传感器和光栅传感器;学习情境 5 为"位置的检测",分为"饮料包装中液位的自动检测"和"煤仓煤位的自动监控"两个子情境,主要介绍电容式传感器和超声波传感器;学习情境 6 为"速度的检测",分为"磁力测速仪的实现"和"光电测速仪的实现"两个子情境,主要介绍霍耳式传感器和光电式传感器。本书内容丰富,结构紧凑,图文并茂,通俗易懂。

本书由扬州工业职业技术学院王斌主编,周惠忠、丁晨阳、葛东旭副主编,唐明军、周杰参编。王斌负责全书的规划、编排和统稿。

由于作者水平有限,书中难免有不妥之处,恳请读者批评指正。

编　者

2012 年 6 月

目录 ▶▶▶

1 学习情境 1：认识传感器

■ 情境介绍

随着工业、农业、交通、军事、科技、办公、安防、家庭等各个领域的现代化，"传感器"这个名字已为众人皆知。那么，"传感器"是什么？"传感器"有什么用？为什么要学习"传感器"？通过本学习情境的展开就可以解决这些疑惑。在具体学习某种特性类型的传感器之前，首先要了解传感器。

本学习情境从人体感受外界信息入手，详细介绍了传感器的作用、类型和基本组成，分析了传感器在现代生产、生活中起着举足轻重的作用，以及传感器技术在今后一段时间内的发展动向。在对传感器的主要性能分析的基础上，本情境还介绍了如何正确选用以及使用传感器，为今后学习提供准备知识。此外，知识拓展部分还给出了和传感器检测息息相关的测量和测量误差以及自动检测系统的相关知识。

■ 学习要点

1. 掌握传感器的定义、组成和作用；
2. 了解传感器的分类、应用和发展趋势；
3. 掌握传感器静态特性的主要性能指标；
4. 熟悉传感器的基本选用和使用方法；
5. 掌握测量和测量误差的概念以及测量误差的计算处理方法；
6. 了解自动检测系统的基本组成。

■ 知识点拨

一、初识传感器

何谓传感器？生物体的感官就是天然的传感器。例如，人的"五官"——眼、耳、鼻、舌、皮肤分别具有视、听、嗅、味、触觉的功能。人们的大脑神经中枢通过五官的神经末梢（感受器）就能感知外界的信息。

在自动检测控制系统中，也需要获取外界的信息，这些需要依靠传感器来完成。所以，传感器相当于人的五官部分（"电五官"）。两者的关系如图 1－1 所示。

另外，对于某些外界信息而言，人的感觉器官是不可以感受的，如有毒的气体、过热的物体、紫外线和微波等；同时，人的感觉器官也无法定量地感受外界信息。因此这些都需要通过传感器来完成，可以说传感器是人体五官的延伸。

实际上传感器对于我们来说并不陌生，在生产和生活中随处都可以看见。例如，声光控节

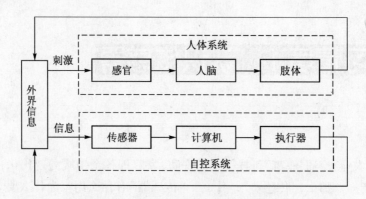

图 1 - 1　人体系统与自控系统对应关系

能开关通过光敏电阻感受光线的强弱;话筒通过驻极体感受声音信号;遥控器通过红外收发器进行无线控制。

传感器实际上是一种功能模块,其作用是将来自外界的各种信号转化为电信号,再利用后续装置或电路对此电信号进行处理。简单地说,传感器是可以将被测的非电量转化为电量的装置。

二、传感器的定义、组成及分类

1. 传感器的定义

传感器是能感受规定的被测量并按照一定规律转换成可用输出信号的器件或装置。传感器输出信号有很多形式,目前多为易于处理的电量,如电压、电流、频率等。其输出信号的形式由传感器的原理确定。有些国家和有些技术领域,传感器也称为变换器、检测器或探测器等。

表 1 - 1 列出了部分传感器的输入量、输出量及其转换原理。从表 1 - 1 中可以看出,传感器就是利用物理效用、化学效应、生物效应等,将被测的物理量、化学量、生物量等非电量转化为电量的器件或装置。

表 1 - 1　传感器的输入量、输出量及其转换原理

		输入量		转换原理	输出量
物理量	机械量	几何学量	长度、位移、应变、厚度、角度、角位移	物理定律或物理效应	电量(电压、电流或频率等)
		运动学量	速度、角速度、加速度、角加速度、振动、频率、时间		
		力学量	力、力矩、应力、质量、荷重		
	流体量		压力、真空度、流速、流量、液位、黏度		
	温度		温度、热量、比热		
	湿度		湿度、露点、水分		
	电量		电流、电压、功率、电场、电荷、电阻、电感、电容		
	磁场		磁通、磁场强度、磁感应强度		
	光		光度、照度、色、紫外光、红外光、可见光、光位移		
	放射量		X 射线、α 射线、β 射线、γ 射线		
化学量			气体、液体、固体分析、pH 值、浓度	化学效应	
生物量			酶、微生物、免疫抗原、抗体	生物效应	

2. 传感器的组成

通常传感器由敏感元件、传感元件和测量转换电路三部分组成,如图1-2所示。其中,敏感元件是指传感器中直接感受被测量的部分,将被测量转化为易于变为电参量的非电量。传感元件是指传感器能将敏感元件的输出转换为适于传输和测量的电参量部分。测量转换电路则将传感器微弱的输出信号放大或转换为更容易传输、处理的电压、电流或频率等形式输出。

图1-2 传感器的组成框图

应该说明,并不是所有的传感器都能明显区分敏感元件、传感元件和测量转换电路这三个部分,而是合为一体的。例如,半导体气体、湿度传感器等,它们一般都是将感受的被测量直接转换为电信号,没有中间转换环节。随着半导体器件和集成技术的发展,越来越多的传感器被安装在同一壳体内或集成在同一芯片上。

3. 传感器的分类

用于不同科技领域或行业的传感器种类繁多。一种被测量可以用不同种类的传感器来测量;而同一原理的传感器,通常又可分别测量多种被测量。因此,传感器分类的方法多种多样,下面介绍几种常见的分类方法。

1）按输入量分类

输入量即被测量,按此方法分类,传感器可分为位移传感器、速度传感器、压力传感器、温度传感器等。这种分类方法直接反映了检测的目的,给传感器的实际选用提供了一定的方便。

2）按转换原理分类

按转换原理,传感器一般可分为电阻式传感器、电容式传感器、电感式传感器、压电式传感器、霍耳式传感器、光电式传感器、热电式传感器等多种。这种分类方法按照传感器的工作原理分门别类,避免名目过多,且较为系统。用此方法对于掌握传感器的工作原理、性能特点以及选用较为有利。

3）按输出量形式分类

按此方式,传感器一般可分为模拟式传感器和数字式传感器两类。模拟式传感器输出与被测量成一定比例的模拟信号,如光电传感器、电感传感器等。模拟式传感器如果需要与计算机配合使用或数字显示,还要经过A/D转换电路。数字式传感器输出的是数字量,可直接与计算机配合使用或数字显示,读取方便,抗干扰能力强,如光栅传感器、光电编码器等。

4）按能量转换方式分类

按此方式,传感器一般分为有源型传感器和无源型传感器两类。有源型传感器也称能量转换型传感器或发电型传感器,它可以将非电量直接变为电压量、电流量、电荷量等。例如,热电式传感器、压电式传感器等。无源型传感器也称为能量控制型传感器或参数型传感器,它将非电量变为电阻、电感、电容等量,能量的输出必须由外部提供。

5）按信息传递方式分类

按此方式,传感器一般分可为直接传感器和间接传感器两类。直接传感器能将被测的信息直接转换为电信号,例如,热敏电阻将温度的变化直接变为电阻阻值的变化。间接传感器必须通过多于一次的转换才能将被测的信息转为电信号,例如,压力传感器通过膜片将压力转换为形变,形变引起的压阻效应再使电阻阻值发生变化。

传感器常常按工作原理与被测量两种分类方式合二为一进行命名,如电感式位移传感器、光电式转速计、压电式加速度传感器等。这样被测量和传感器工作原理一目了然。

三、传感器的应用及发展趋势

1. 传感器的应用

传感器是获取自然领域中各种信息的主要途径和手段,是构成现代信息技术的三大支柱(传感器技术、通信技术、计算机技术)之一。目前,传感器应用的领域十分广泛。

在现代家用电器中,大多数都应用了传感器技术。如电视机、空调、风扇的红外遥控系统中使用的红外接收器件,照相机中的自动曝光装置,电冰箱和电饭煲使用的温度传感器,抽油烟机上的气敏传感器,全自动洗衣机中的水位和浊度传感器等。

在现代工业生产尤其是自动化生产过程中,要用各种传感器来监视和控制生产过程中的各个参数,使设备工作在正常状态或是最佳状态,并使产品达到最好的质量。因此可以说,没有众多性能优良的传感器,现代生产就失去了基础。

在基础科学研究中,传感器具有突出的地位。例如,对深化物质认识、开拓新能源新材料等具有重要作用的各种尖端科技研究,如超高温、超低温、超高压、超高真空、超强磁场和超弱磁场等。显然,要获取大量人类感官无法获取的信息,没有相应的传感器是不可能的。许多基础科学研究的障碍,首先就在于对研究对象的信息获取存在困难,而一些新机理和高灵敏度的检测仪器的出现,往往会使该领域有所突破。一些传感器的发展,往往是一些边缘学科开发的先驱。

在航空航天领域,飞行的速度、加速度、位置、姿态、温度、气压、磁场、振动都需要测量:阿波罗 10 号飞船需要对 3295 个参数进行检测,其中,温度传感器 559 个,压力传感器 140 个,信号传感器 501 个,遥控传感器 142 个。专家说:"整个宇宙飞船就是高性能传感器的集合体"。

楼宇自动化系统是智能建筑的重要组成部分。计算机通过中继器→路由器→网络→显示器→网关控制管理各种设备(空调制冷、给水排水、变配电系统、照明系统、电梯、安全防护和自动识别等)。实现以上功能使用的传感器有温度传感器、湿度传感器、液位传感器、流量传感器、压差传感器、空气压力传感器、烟雾传感器、气体传感器、红外传感器、玻璃破碎传感器和图像传感器等。

国防军事(雷达探测系统、水声目标定位系统和红外制导系统等)、环境保护(空气质量的监控)、医学诊断(各种生化指标、影像资料的获取)、刑事侦查(声音、指纹识别)和交通管理(车流量统计、车速监测、车牌识别)等,这些都离不开传感器。

2. 传感器的发展趋势

传感器技术所涉及的知识非常广泛,并渗透到各个学科领域,但是它们的共性是利用物理定律和物质的物理、化学和生物特性,将非电量转换成电量。所以,如何采用新技术、新工艺、新材料以及探索新理论达到高质量的转换,是总的发展途径。

目前,传感器技术的主要发展动向,一是开展基础研究,发现新现象,开发传感器的新材料和新工艺;二是实现传感器的集成化与智能化。

1) 发现新现象

利用物理现象、化学反应和生物效应是各种传感器工作的基本原理,所以,发现新现象与新效应是发展传感器技术的重要的工作,是研究新型传感器的重要基础,其意义极为深远。例如,日本夏普公司利用超导技术研制的高温超导磁传感器,是传感器技术的重大突破,其灵敏度比霍耳器件高,仅次于超导量子干涉器件;而其制造工艺远比超导量子干涉器件简单,它可用于磁成像技术,具有很大的应用价值。

2）开发新材料

传感器材料是传感器技术的重要基础。由于材料科学的进步,人们在制造时,可任意控制它们的成分,从而设计制造出用于各种传感器的功能材料。例如,半导体氧化物可以制造各种气体传感器,而陶瓷传感器工作温度远高于半导体,光导纤维的应用是传感器材料的重大突破,用它研制的传感器与传统的相比有突出的特点。有机材料作为传感器材料的研究,引起国内外学者的极大兴趣。

3）采用微细加工技术

半导体技术中的加工方法,如氧化、光刻、扩散、沉积、平面电子工艺、各向异性腐蚀以及蒸镀、溅射薄膜工艺都可用于传感器制造,因而制造出各式各样的新型传感器。例如,利用半导体技术制造出压阻式传感器;利用薄膜工艺制造出快速响应的气敏、湿敏传感器;日本横河公司利用各向异性腐蚀技术进行高精度三维加工,在硅片上构成孔、沟棱锥、半球等各种开头,研制出全硅谐振式压力传感器。

4）研究多功能集成传感器

日本丰田研究所开发出同时检测 Na^+、K^+ 和 H^+ 等多离子传感器。这种传感器的芯片尺寸为 $2.5mm^2 \times 2.5mm^2$,仅用一滴血液即可同时快速检测出其中 Na^+、K^+ 和 H^+ 的浓度,适用于医院临床,使用非常方便。

催化金属栅与 MOSFET 相结合的气体传感器已广泛应用于检测氧、氨、乙醇、乙烯和一氧化碳等。

我国某传感器研究所研制的硅压阻式复合传感器可以同时测量压力与温度。

5）智能化传感器

智能化传感器是一种带微处理器的传感器,它兼有检测、判断和信息处理功能。其典型产品如美国霍尼尔公司的 ST – 3000 型智能传感器,其芯片尺寸为 $3mm^3 \times 4mm^3 \times 2mm^3$,采用半导体工艺,在同一芯片上制作 CPU,EPROM 和静压、压差、温度等三种敏感元件。

6）新一代航天传感器研究

众所周知,在航天器的各大系统中,传感器对各种信息参数的检测,保证了航天器按预定程序正常工作,因此,传感器起着极为重要的作用。随着航天技术的发展,航天器上需要的传感器越来越多。例如,航天飞机上安装了大约3500个传感器,对其指标性能都有严格要求,如对小型化、低功耗、高精度、高可靠性等都有具体指标。为了满足这些要求,必须采用新原理、新技术研制出新型的航天传感器。

7）仿生传感器研究

值得注意的一个发展动向是仿生传感器的研究,特别是在机器人技术向智能化高级机器人发展的今天。仿生传感器就是模拟人的感觉器官的传感器,即视觉传感器、听觉传感器、嗅觉传感器、味觉传感器、触觉传感器等。目前,只有视觉与触觉传感器解决得比较好,其他几种远不能满足机器人发展的需要。也可以说,至今真正能代替人的感觉器官功能的传感器极少,需要加速研究,否则将会影响机器人技术的发展。

四、传感器的基本特性

传感器的基本特性一般指传感器输入与输出之间的关系特性。基本特性有静态特性和动态特性之分。静态特性是指静态信号作用下的输入/输出关系特性,而动态特性是指动态信号作用下的输入/输出关系特性。这里主要介绍传感器静态特性中用于衡量传感器特性优劣的几个重要性能指标:灵敏度、分辨力、测量范围、线性度、迟滞、重复性等。

1. 灵敏度

灵敏度表示传感器在稳态时的输入量增量 Δx 与由它引起的输出量增量 Δy 之间的函数关系。更确切地说,灵敏度 K 等于传感器输出增量与被测量增量之比,它是传感器在稳态输出/输入特性曲线上各点的斜率,可用下式表示:

$$K = \frac{\mathrm{d}y}{\mathrm{d}x} \approx \frac{\Delta y}{\Delta x} \qquad (1-1)$$

灵敏度表示单位被测量的变化所引起传感器输出值的变化量。很显然,K 值越高表示传感器越灵敏。

对于线性传感器而言,灵敏度是一常数;对于非线性传感器而言,灵敏度则随着输入量的变化而变化,如图 1-3 所示。从输出曲线看,曲线越陡,灵敏度越高。

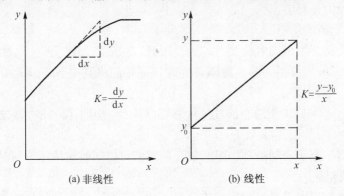

(a) 非线性　　(b) 线性

图 1-3　传感器灵敏度示意

2. 分辨力

传感器在规定测量范围内检测出的被测量的最小变化量称为分辨力,分辨力是有量纲的数。当被测量的变化值小于分辨力时,传感器对输入量的变化无任何反应。对模拟仪表而言,可以认为其最小刻度的 1/2 为其分辨力;而对于数字仪表,可以认为该表的最后一位代表的数值为其分辨力。分辨力往往受到噪声的限制,所以,噪声电平的大小是决定传感器分辨力的关键因素。将分辨力除以仪表的满度量程就是该仪表的分辨率,通常用百分比或几分之一表示。

3. 测量范围和量程

在允许误差范围内,传感器能够测量的下限值($y_{\min}$)到上限值($y_{\max}$)之间的范围称为测量范围,表示为 $y_{\min} \sim y_{\max}$;上限值和下限值的差称为量程,表示为 $y_{FS} = y_{\min} - y_{\max}$。例如,某温度计的测量范围是 $-20^\circ\mathrm{C} \sim 100^\circ\mathrm{C}$,量程则为 $120^\circ\mathrm{C}$。

4. 线性度

传感器的线性度即非线性误差,是指传感器的输出量与输入量之间的实际关系曲线偏离拟合直线的程度。为了便于对传感器进行标定和数据处理,要求传感器的特性为线性关系,而实际的传感器大多数是非线性的,这就要求在实际使用中采用非线性补偿环节,以得到线性关系。因此在一定条件下,可用一条直线近似地拟合一段实际关系曲线,这种方法称为直线拟合法,如图 1-4 所示。线性度 γ_L 可用实际特性曲线与拟合直线间的最大偏差 $\Delta L_{\max}$ 对传感器量

程范围内的输出 y_{FS} 之百分比表示，即

$$\gamma_L = \frac{\Delta L_{max}}{y_{FS}} = \frac{\Delta L_{max}}{y_{max} - y_{min}} \times 100\% \qquad (1-2)$$

拟合直线的选取有多种方法，图 1-4 是将传感器输出起始点与满量程点连接起来的直线作为拟合直线，这条直线称为端基理论直线，按上述方法得出的线性度称为端基线性度。

5. 迟滞

迟滞是指在相同工作条件下，传感器正行程特性与反行程特性的不一致的程度，如图1-5所示。也就是说，达到同样大小的输入量所采用的行程方向不同时，尽管输入为同一输入量，但输出信号大小却不相等。产生这种现象的主要原因是传感器机械部分存在不可避免的缺陷，如轴承摩擦、间隙、紧固件松动、材料内摩擦、积尘等。

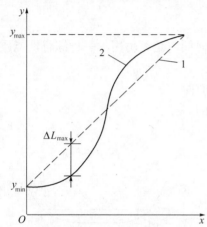

图 1-4 传感器线性度示意图
1—拟合直线；2—实际特性曲线。

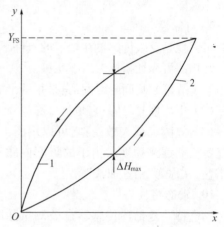

图 1-5 传感器迟滞特性示意图
1—反向特性；2—正向特性。

迟滞误差大小一般由试验方法确定。其数值为对应于同一输入量的正行程和反行程输出值间的最大偏差 ΔH_{max} 与满量程输出值的百分比，用 γ_H 表示，即

$$\gamma_H = \pm \frac{\Delta H_{max}}{y_{FS}} \times 100\% \qquad (1-3)$$

6. 重复性

重复性是指传感器的输入在按同一方向变化时，在全量程内连续进行重复测试时所得到的各特性曲线的重复程度，如图 1-6 所示。多次重复测试的曲线越重合，说明重复性越好，误差也小。重复特性的好坏是与许多随机因素有关的，与产生迟滞现象具有相同的原因。

为了衡量传感器的重复特性，一般采用输出最大重复性偏差 Δ_{max} 与满量程 y_{FS} 的百分比来表示重复性指标，即

$$\delta_R = \pm \frac{\Delta_{max}}{y_{FS}} \times 100\% \qquad (1-4)$$

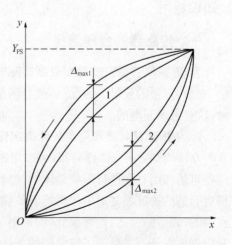

图 1-6 传感器重复性示意图

重复性误差只能用实验方法确定。用实验方法分别测出正反行程时诸测试点在本行程内同一输入量时输出量的偏差,取正反两个行程最大重复偏差 Δ_{max1} 和 Δ_{max2} 中较大的值作为重复性误差,然后取其与满量程输出的比值,比值越大说明重复性越差。

7. 稳定性

稳定又称长期稳定性,即传感器在相当长的时间内保持其性能的能力。稳定性一般以室温条件下经过一规定的时间间隔后,传感器的输出与起始标定时的输出之间的差异来表示,有时也用标定的有效期来表示。

8. 零漂和温漂

传感器无输入(或某一输入值不变)时,每隔一定时间,其输出值偏离原来示值的最大偏差与满量程的百分比,即为零漂。温度每升高1℃,传感器输出值的最大偏差与满量程的百分比称为温漂。

9. 可靠性

可靠性是反映传感器在规定的条件下,在规定的时间内是否耐用的一种综合性能质量指标。常用的可靠性指标有以下几种:

(1)故障平均间隔时间:它是指两个故障间隔的时间。

(2)平均修复时间:它是指排除故障所花费的时间。

(3)故障率或失效率:它可以用图1-7的故障变化曲线来说明。由于故障率曲线形如一个浴盆,又称为"浴盆曲线"。

10. 动态特性

动态特性是描述传感器在被测量随时间变化时的输出和输入的关系。对于加速度等动态测量的传感器必须进行动态特性的研究,通常是用输入正弦或阶跃信号时传感器的响应来描述的,即传递函数和频率响应。

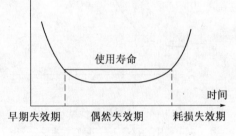

图1-7 故障率变化曲线

■ 知识运用

一、传感器的合理选择

合理选择传感器,就是要根据实际的需要与可能,做到有的放矢,物尽其用,达到实用、经济、安全、方便的效果。为此,必须对测量的目的、测量对象、使用条件等诸方面有较全面的了解,这是考虑问题的前提。

1. 依据测量对象和使用条件确定传感器的类型

众所周知:同一传感器,可以用来分别测量多种被测量;而同一被测量,又常有多种传感器可供选用。在进行一项具体的测量之前,首先要分析并确定采用何种原理或类型的传感器更合适。这就需要对于传感器有关联的方方面面做一番调查研究:一是要了解被测量的特点,如被测量的状态、性质,测量的范围、幅值和频带,测量的速度、时间,精度要求,过载的幅度和出现频率等。二是要了解使用的条件,这包含以下两个方面:

(1)现场环境条件:如温度、湿度、气压,能源、光照、尘污、振动、噪声、电磁场及辐射干扰等。

（2）现有基础条件：如财力（承受能力）、物力（配套设施）、人力（技术水平）等。

选择传感器所需考虑的方面和事项很多，实际上不可能也没有必要面面俱到，满足所有要求。设计者应从系统总体对传感器使用的目的、要求出发，综合分析主次，权衡利弊，抓住主要方面，突出重要事项，并加以优先考虑。在此基础上，就可以明确选择传感器类型及具体问题：量程的大小和过载量；被测对象或位置对传感器重量和体积的要求；测量的方式是接触式还是非接触式；信号引出的方法是有线还是无线；传感器的来源和价位是国产、进口，还是自行研制等。

经过上述分析和综合考虑后，就可确定所选用传感器的类型，然后进一步考虑所选传感器的主要性能指标。

2. 线性范围与量程

传感器的线性范围即输出与输入成正比的范围。线性范围与量程和灵敏度密切相关。线性范围越宽，其量程越大，在此范围内传感器的灵敏度能保持定值，规定的测量精度能得到保证。所以，传感器种类确定之后，首先要看其量程是否满足要求，并且还要考虑在使用过程中注意以下两个方面的问题。

（1）对非通用的测量系统（或设备），应使传感器尽可能处在最佳工作段（一般为满量程的2/3以上处）；

（2）估计到输入量可能发生突变时所需的过载量。

应当指出的是，线性度是个相对的概念，具体使用中可以将非线性误差（及其他误差）满足测量要求的一定范围视作线性。这会给传感器的应用带来极大的方便。

3. 灵敏度

通常，在线性范围内，希望传感器的灵敏度越高越好。因为灵敏度高，意味着被测量的微小变化对应着较大的输出，这有利于后续的信号处理。但是，灵敏度越高，外界混入噪声也越容易、越大，并会被放大系统放大，容易使测量系统进入非线性区，影响测量精度。因此，要求传感器应具有较高的信噪比，即不仅要求其本身噪声小，而且不易从外界引入噪声干扰。

还应注意，有些传感器的灵敏度是有方向性的，在这种情况下，如果被测量是单向量，则应选择在其他方向上灵敏度小的传感器。如果被测量是多维向量，则要求传感器的交叉敏度越小越好。这个原则也适用于其他能感受一种以上被测量的传感器。

4. 精度

由于传感器是测量系统的首要环节，要求它能真实地反映被测量，因此，传感器的精度指标十分重要。它往往也是决定传感器价格的关键因素，精度越高，价格越贵。所以，在考虑传感器的精度时，不必追求高精度，只要能满足测量要求就行。这样就可在多种可选传感器当中，选择性价比较高的传感器。

如果从事的测量任务旨在定性分析，则所选择的传感器应侧重于重复性精度要高，不必苛求绝对精度高；如果面临的测量任务是为了定量分析或控制，则所选择的传感器必须有精确的测量值。

5. 频率响应特性

在进行动态测量时，总希望传感器能即时而不失真地响应被测量。传感器的频率响应特性决定了被测量的频率范围。传感器的频率响应范围宽，允许被测量的频率变化范围就宽，在此范围内，可保持不失真的测量条件。实际上，传感器的响应总是有一定的延迟，延迟越短越好。对于开关量传感器,应使其响应时间短到满足被测量变化的要求,不能因响应慢而丢失被测信号,从而带来误差。对于线性传感器,应根据被测量的特点(稳态、瞬态、随机等)选择其响应特性。一般来讲,通过机械系统耦合被测量的传感器,由于惯性较大,其固有频率较低,响应较慢;而直接通过电磁、光电系统耦合的传感器,其频响范围较宽,响应较快,但从成本、噪声等因素考虑,也不是响应范围越宽、速度越快就越好,应具体问题具体分析。

6. 稳定性

能保持性能长时间稳定不变的能力称为传感器的稳定性。影响稳定性的主要因素,除传感器本身材料、结构等因素外,主要是传感器的使用环境条件。因此,要提高传感器的稳定性,一方面,选择的传感器必须有较强的环境适应能力(如经稳定性处理的传感器);另一方面,可采取适当的措施(提供恒环境条件或采用补偿技术),以减小环境对传感器的影响。

当传感器工作已超过其稳定件指标所规定的使用期限后,再次使用之前,必须重新进行校准,以确定传感器的性能是否变化以及可否继续使用。对那些不能轻易更换或重新校准的特殊使用场合,所选用传感器的稳定性要求更应严格。

当无法选到合适的传感器时,就必须自行研制性能满足使用要求的传感器。

二、传感器的正确使用

如何在应用中确保传感器的工作性能并增强其适应性,很大程度上取决于对传感器的使用方法。高性能的传感器如果使用不当,也难以发挥其应有的性能,甚至会损坏;性能适中的传感器,在善用者手中,能真正做到"物尽其用",会收到意想不到的功效。

传感器种类繁多,使用场合各异,因此,不可能将各种传感器的使用方法一一列出。传感器作为一种精密仪器或器件,它除了要遵循通常精密仪器或器件的常规使用准则外,还要特别注意以下使用事项:

(1) 特别强调在使用前,要认真阅读所选用传感器的使用说明书。对其所要求的环境条件、事前准备、操作程序、安全事项、应急处理等内容,一定要熟悉掌握,做到心中有数。

(2) 正确选择测试点并正确安装传感器,这十分重要。安装的失误,轻则影响测量精度,重则影响传感器的使用寿命,甚至损坏。

(3) 保证被测信号的有效、高效传输,是传感器使用的关键之一。传感器与电源和测量仪器之间的传输电缆要符合规定。连接必须正确、可靠,一定要细致检查,确认无误。

(4) 传感器测量系统必须有良好的接地,并对电、磁场有效屏蔽,对声、光、机械等的干扰有抗干扰措施。

(5) 对非接触式传感器,必须在使用前到现场进行标定,否则将造成较大的测量误差。

对一些定量测试系统用的传感器,为保证精度的稳定性和可靠性,需要按规定做定期检验。对某些重要的测量系统使用的精度较高的传感器,必须定期进行校准。一般每半年或一年校准一次。必要时,可按需要规定校准周期。

■ 知识拓展

一、测量及测量方法

测量,是指人们借助专门的技术和仪器设备,通过一定的方法,对被测对象进行定性或定量认识的过程。定性认识就像用验电笔测试电源插孔是否有电，能够大致判断被测量存在还是不存在；而定量认识就像用万用表去测量电源插孔间的电压值，能够得到一个比较准确地数值。

测量的结果一般表现为一定的数值，或表现为相应的曲线，或表现为某种形式的图形和现象。作为定性测量的结果应包括数值大小和单位名称这两部分内容，例如，对电源插孔间电压的测量值为220V。

实现被测量与标准量比较得出比值的方法，称为测量方法。针对不同的测量任务进行具体分析，找出切实可行的测量方法，这对测量工作十分重要。从不同的角度出发，测量方法可以有不同的分类。

1. 直接测量和间接测量

根据测量手段的不同，测量方法可分为直接测量和间接测量。使用传感器或仪表进行测量时，对仪表读数不需要经过任何运算就能直接表示测量所需结果的测量方法称为直接测量。例如，用磁电式仪表测量电压、电流；用电子秤称物体重量。间接测量首先要对于被测量有确定函数关系的量进行直接测量，将测量值代入函数关系式，经过计算求出被测量的值。例如，用伏安法进行电阻阻值的测量。直接测量简单快捷，而间接测量过程较复杂，常用于不方便进行直接测量的场合。

2. 接触测量和非接触测量

根据测量时是否与被测对象接触，测量方法可分为接触测量和非接触测量。例如，用超声波测速仪进行汽车超速与否的测量就属于非接触测量。非接触测量不影响被测对象的运行工况，是目前发展的趋势。

3. 静态测量和动态测量

根据被测量是否随时间变化，测量方法可分为静态测量和动态测量。处于稳定状态下的测量属于静态测量，处于非稳定状态下的测量属于动态测量。例如，用激光干涉仪对建筑物的缓慢沉降做长期监测就属于静态测量；用光导纤维陀螺仪测量火箭的飞行速度属于动态测量。

4. 模拟式测量和数字式测量

根据测量结果的显示方式，测量方法可分为模拟式测量和数字式测量。要求精密测量时，绝大多数测量均采用数字式测量。

5. 在线测量和离线测量

为了监视生产过程，火灾生产流水线上监测产品质量的测量称为在线测量；反之，则称为离线测量。例如，现代自动化机床采用边加工、边测量的方式就属于在线测量，它能保证产品质量的一致性。离线测量虽然能测量出产品的合格与否，但无法实现监控生产质量。

二、测量误差的概念及术语

参照一定的测量标准，选定合适的测量方法，人们即可在一定的测量条件下，借助科学的测量工具，开展实际的测量活动，而实际测量所得结果的误差有多大，是误差理论所要解决的问题。在讨论测量误差问题的过程中，经常要提到以下术语。

（1）真值与示值。真值是指被测对象在测量过程中所具有的实际量值。示值是指测量仪器读数装置所显示出的被测量的量值。

（2）测量误差。测量误差是指测量结果与真值之间的差异。

（3）等精度测量和非等精度测量。等精度测量是指在保持测量条件不变的情况下进行的多次测量,每一次测量都具有相同的可靠性,每一次测量的精度都是相等的。非等精度测量是指在测量条件不能维持不变的情况下进行的多次测量,不能确保每一次测量的精度是一致的。

(4) 测量准确度。测量准确度是指测量结果与真值之间的符合程度。

(5) 测量精密度。测量精密度是指对同一对象进行重复测量所得结果彼此间的一致程度。

(6) 测量不确定度。测量不确定度是指测量过程中误差可能变化的最大幅度。

(7) 测量正确度。测量正确度是指对有效的多次测量结果取数学平均,其值与真值的接近程度。两者误差越小,正确度越高。

测量的准确度、精密度、正确度的含义可由图 1-8 来表示。图 1-8 中空心点为真值,黑点为六次测量值。显然,图 1-8(c)所示的测量结果准确度较高,也就是精密度和正确度都较高的测量。

| (a) 正确度高、精密度低 | (b) 正确度低、精密度高 | (c) 正确度、精密度均高 |

图 1-8 测量结果正确性表示

三、测量误差的类型

1. 按误差的性质分类

虽然多种测量误差产生的原因不尽相同,但按误差的性质和特点,误差大致可以划分为三类:系统误差、随机误差和粗大误差。

1) 系统误差

在多次等精度测量同一值时,绝对值和符号保持不变或按某种规律变化的误差称为系统误差,又称装置误差。如果系统误差值保持恒定,则称为恒值系统误差,否则称为变值系统误差。例如,刻度盘移动而使仪器刻度产生的误差属于恒值误差,环境温度波动使电源电压下降则属于变值误差。系统误差体现了测量的正确度,系统误差越小,测量的正确度也高。

系统误差的主要特点是,只要测量条件不变,误差即为确切的数值,用多次测量取平均值的办法也不可改变或消除误差。系统误差是有规律性的,并具有可重复性,因此,可以通过实验的方法或是引入修正值的方法计算修正,也可以重新调整测量仪表的有关部件予以消除。

2) 随机误差

随机误差是指对同一量值进行多次等精度测量时,其绝对值和符号均以不可预定的方式无规律变化的误差,也称为偶尔误差。随机误差是测量过程中许多独立的、微小的、偶然的因素引起的综合结果。随机误差体现了多次测量的精密度,随机误差越小,测量的精密度越高。

随机误差的特点是,在多次测量中误差绝对值的波动有一定的界限,即具有有界性;当测量次数足够多时,正负误差出现的机会几乎相当,即具有对称性;同时,随机误差的算术平均值趋于零,即具有抵偿性。随机误差的这些特性表明其服从统计规律,用数理统计的方法来表征,其服从正态分布,如图 1-9 和图 1-10 所示。

存在随机误差的测量结果中,虽然单个测量值误差的出现是随机的,但由于对误差整体而言具有统计规律,因此可以通过增加测量次数,对多次测量结果的数据进行统计处理,以减小随机误差。

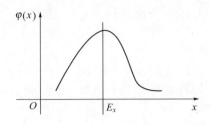

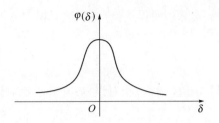

图1-9 测量值的正态分布曲线   图1-10 误差值的正态分布曲线

3）粗大误差

粗大误差是指明显偏离真值的误差，也称过失误差。它主要是由于测量人员的失误或测量仪器突然受到强大的干扰引起的。例如，测错、读错、外界过电压尖峰干扰造成的误差。粗大误差完全偏离了客观实际，在处理测量数据时，如果发现粗大误差，应该予以剔除。

2. 按被测量与时间的关系分类

1）静态误差

被测量不随时间变化时所产生的误差称为静态误差。

2）动态误差

被测量随时间变化过程中所产生的误差称为动态误差。例如，将水银温度计插入100℃沸水中，水银柱不可能立即上升到100℃。如果此时就记录读数，必然产生误差。动态误差一般是由于检测系统对输入信号响应滞后，或对输入信号中不同频率成分产生不同的衰减和延迟所造成的。

四、测量误差的表示方法

测量误差是测量结果与真值之间的差异，按照表示方法的不同可以把测量误差分为绝对误差和相对误差两种。

1. 绝对误差

绝对误差 Δ 是指测量值 A_x 与真值 A_0 之间的差值，即

$$\Delta = A_x - A_0 \tag{1-5}$$

当 $A_x > A_0$ 时，为正误差；反之则为负误差。在计量工作和实验室测量中常用修正值 C 表示约定真值 A_0 与测量值 A_x 之间的差值，它等于绝对误差的相反数（$C = -\Delta$），则

$$A_0 = A_x + C \tag{1-6}$$

绝对误差和修正值的量纲必须与测量值量纲相同。

绝对误差的大小可以直接反映测量结果和真值之间的偏差值，但有时不足以反映测量值偏离真值程度。例如，进行电压测量时，如果测量值是1V，绝对误差为0.1mV，这时可以认为误差很小，精度是很高的；如果测量值是1mV，绝对误差仍然是0.1mV，这时就不能认为误差还很小了，实际它的误差很大，精度很低。这时就要引入相对误差的概念了。

2. 相对误差

从上述例子可以看出绝对误差并不能完全反映测量结果的准确程度。在相同的绝对误差情况下，被测量的值越大，测量的准确性就越高。相对误差就可以确切地反映测量的准确程度。在实际应用中，相对误差有以下几种形式。

（1）实际相对误差：它等于绝对误差 Δ 与真值 A_0 的百分比，用 γ_A 表示，即

$$\gamma_A = \frac{\Delta}{A_0} \times 100\% \qquad (1-7)$$

（2）示值（标称）相对误差：它等于绝对误差 Δ 与测量值 A_x 的百分比，用 γ_x 表示，即

$$\gamma_x = \frac{\Delta}{A_x} \times 100\% \qquad (1-8)$$

（3）满度（引用）相对误差：它等于绝对误差 Δ 与仪表满量程值 A_m 的百分比，用 γ_m 表示，即

$$\gamma_m = \frac{\Delta}{A_m} \times 100\% \qquad (1-9)$$

上述相对误差在多数情况下均取正值。对于测量下限不为零的仪表而言，式（1-9）中的 A_m 用量程（$A_{max} - A_{min}$）来代替。

当式（1-9）中的 Δ 取为最大值 Δ_m 时，满度（引用）相对误差就被用来确定仪表的精度等级 S，即

$$S = \left| \frac{\Delta_m}{A_m} \right| \times 100\% \qquad (1-10)$$

根据精度等级 S 和量程范围，可以推算出该仪表可能出现的最大绝对误差。精度等级 S 规定取一系列标准值，我国模拟仪表有下列 7 种等级：0.1、0.2、0.5、1.0、1.5、2.5、5.0。它们分别表示对应仪表的满度相对误差所不应超过的百分比。从仪表的面板上就可以看出仪表的等级。等级数值越小，仪表的价格就越贵。

【例】 有两只电压表的精度及量程范围分别是 0.5 级 0V~500V、1.0 级 0V~100V，现要测量 80V 的电压，试问应该选用哪只电压表比较好？

解：用 0.5 级的电压表测量时，可能出现的最大示值相对误差为

$$\gamma_{x1} = \frac{\Delta_{m1}}{A_x} \times 100\% = \frac{500 \times 0.5\%}{80} \times 100\% = 3.125\%$$

用 1.0 级的电压表测量时，可能出现的最大示值相对误差为

$$\gamma_{x2} = \frac{\Delta_{m2}}{A_x} \times 100\% = \frac{100 \times 1\%}{80} \times 100\% = 1.25\%$$

计算结果表明，用 1.0 级的电压表比 0.5 级的电压表的示值相对误差反而小，所以，1.0 级的电压表更合适。这说明在选用仪表时要兼顾精度等级和量程，通常希望示值落在仪表满度值的 2/3 以上。

五、自动检测系统

自动检测系统是实现自动完成整个检测处理过程的系统。目前，非电量的检测常常采用电测法，即先将采集到的各种非电量转换为电量，然后再进行处理，最后将非电量值显示记录下来，或去执行某个操作。自动检测系统的组成框图如图 1-11 所示。

在系统组成框图中，传感器处于整个自动检测系统的第一环节，其作用是将采集到的被测

图1-11 自动检测系统组成框图

非电量转换为容易进行测试的电量。例如，将机床的切削速度、炉窑的温度、棉层的厚度等转换为电阻、电容、电感和电压等电量。

信息处理电路是自动检测系统的中间环节，其作用是对传感器输出的电量进行处理，使之成为电压或电流，或进行整流、检波，或进行放大、调制与解调，以求能更方便地进行显示记录或执行。

自动检测系统最后一个环节中的显示器、记录器部分是将转换电路送来的信号显示出来，记录下来，供观测与研究。执行机构则根据转换电路的信号对电路起通断、控制、调节、保护等作用。

信号的显示或记录方式可分为数字方式和模拟方式两大类。显示器多采用数字方式，如LED数码管与液晶显示等，可以直接将测量值显示处理。记录器多采用模拟方式，常见的有笔记录仪、光线示波器等，主要记录被测量的动态变化过程。作为执行机构的常用电器设备有继电器、电磁铁、电磁阀、伺服电机等。

知识总结

1. 传感器是能感受规定的被测量并按照一定规律转换成可用输出信号的器件或装置，目前，输出信号多为易于处理的电量，如电压、电流、频率等。传感器通常由敏感元件、传感元件和测量转换电路三部分组成。传感器广泛运用于生产生活中，目前，正朝着智能化、集成化和多功能化方向发展。

2. 传感器的性能特性有静态特性和动态特性之分。灵敏度、分辨力、线性度、迟滞、重复性、稳定性等是传感器的主要静态性能指标。对传感器的基本要求是特性好、性能优、使用方便、易于维修、体积小、质量小、价格便宜、寿命长。在实际选用时还要对测量目的、测量对象、使用条件等诸方面有较全面的考虑。

3. 测量是指人们借助专门的技术和仪器设备，通过一定的方法，对被测对象进行定性或定量认识的过程。测量方法根据不同的角度可以分为多种不同的类型。

4. 测量误差是指测量结果与真值之间的差异。根据性质不同，误差可以分为系统误差、随机误差和粗大误差；根据被测量与时间的关系，误差可分为静态误差和动态误差两类。误差按照表示方法的不同，又有绝对误差和相对误差之分。相对误差又可分为实际相对误差、标称相对误差和满度相对误差。仪表的精度等级是由仪表的满度相对误差决定的。

学习评价

本学习情境评价根据知识的学习和项目工作的完成情况进行考核评价，注重过程的考核。根据学习情境中各项任务完成的主体不同，分别对个人和小组进行考核评价。学习评价表如表1-2所列。

表1-2　学习情境1考核评价表

| 组别 | | 第一组 | | | 第二组 | | | 第三组 | | |
项目任务	分值	学生 A	学生 B	学生 C	学生 D	学生 E	学生 F	学生 G	学生 H	学生 I
传感器功能、类型、构造的学习	10									
传感器特性指标的学习	10									
误差的测量和衡量	15									
常用传感器的识别	15									
常用传感器的选择和使用	20									
学习报告书	15									
团队合作能力	15									

■ **思考题**

1. 什么是传感器? 它由几部分组成? 在生产生活中有哪些作用?

2. 传感器的主要静态特性有哪些? 加以简要说明。

3. 测量有哪些分类方法? 对每一种测量类型举例加以说明。

4. 图1-12是射击弹着点示意图,请分别说出图1-12(a)、图1-12(b)、图1-12(c)各包含什么误差。

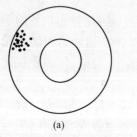 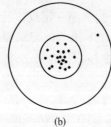 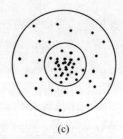

(a)　　　　　　　　(b)　　　　　　　　(c)

图1-12　射击弹着点示意图

5. 有一温度计,它的测量范围为 $-50℃ \sim 200℃$,精度为0.5级,试求:

(1) 该表可能出现的最大绝对误差。

(2) 当示值分别为 $-20℃$ 时、$100℃$ 时的示值相对误差。

6. 已知待测拉力约为70N左右。现有两只测力仪表,一只为0.5级,测量范围为0N～500N;另一只为1.0级,测量范围为0N～100N。问选用哪一只测力仪表较好? 为什么?

7. 欲测240V左右的电压,要求测量示值相对误差的绝对值不大于0.6%,问:若选用量程为250V电压表,其精度应选哪一级;若选用量程为300V,其精度应选哪一级;若选用量程为500V的电压表,其精度应选哪一级?

2 学习情境 2：力的检测

学习子情境 2.1：数显电子秤的实现

■ 情境介绍

日常生活和工业生产中广泛使用各种各样的电子秤。电子秤是采用现代传感器技术、电子技术和计算机技术一体化的电子称量装置，满足并解决现实生活中提出的"快速、准确、连续、自动"称量要求，同时有效地消除人为误差，使之符合法制计量管理和工业生产过程控制的应用要求。电子秤一般由称重传感器、A/D 转换电路、单片机电路、显示电路、键盘电路、通信接口电路、稳压电源电路等部分组成。随着应用的拓展以及技术的发展，目前，电子秤的发展更趋小型化、模块化、集成化以及智能化，在性能上更体现综合性和组合性。

根据不同的功能和使用场合电子秤的种类多种多样，但不管何种类型的电子秤，它的基本功能要求是将物体的质量转化为电信号的大小，经过处理后显示出来。这个过程需要通过传感器对物重这一力的参量进行检测。

电子秤中使用的测力传感器常见的是一种应变式的电阻传感器，它通过传感器将应变力的变化转化为电阻阻值的变化，再通过转换电路转化为电压的大小，以便后端电路处理。本学习子情境在介绍电阻应变式传感器原理的基础上，通过对数显电子秤这一产品的制作，掌握电阻应变式传感器的特点及使用。在实现力的检测之外，本情境还介绍了电阻应变式传感器在扭矩、加速度等参量检测中的应用。

■ 学习要点

1. 理解应变式传感器的工作原理；
2. 熟悉应变片的类型以及各类应变片的特性；
3. 理解测量转换电路的作用，掌握三种桥路的结构形式和特点；
4. 了解桥式电路实现温度补偿的方法；
5. 掌握应变片的粘贴以及电阻应变式传感器实现力的检测方法；
6. 熟悉电子秤制作的原理和制作过程；
7. 了解电阻应变式传感器的其他检测应用以及压阻式传感器。

■ 知识点拨

在众多传感器中，有一类是通过电阻阻值的变化来实现非电量的检测目的，它们被称为电阻式传感器，电阻应变式传感器便是其中的一种。电阻应变式传感器主要由弹性敏感元件或试件、电阻应变片和测量转换电路几部分组成。利用电阻应变式传感器可以检测机械装置各部分的受力状态,从而实现对力、形变、位移、加速度等参数的检测。

一、电阻应变式传感器的工作原理

导体或者半导体材料在外力作用下会产生机械形变,从而使得它的电阻值也随之发生变化,这一物理现象称为应变效应。电阻应变片就是利用这一效应制成的,下面以金属丝应变片为对象分析电阻应变片的工作原理。

假设金属丝的长度为 l,截面积为 A,半径为 r,电阻率为 ρ,则金属丝的电阻值可以表示为

$$R = \rho \frac{l}{A} = \rho \frac{l}{\pi r^2} \tag{2-1-1}$$

当金属丝在长度方向受外力作用时,式(2-1-1)中的 ρ、l、r 都将发生变化,如图 2-1-1 所示,从而改变金属丝的电阻值。当受外力伸长时,长度增加,截面积减小,电阻值增加;当受压力缩短时,长度减小,截面积增大,电阻值减小。因此,只要测出电阻的变化情况,便可知道金属丝的应变情况。实验证明,这种转换满足以下关系:

$$\frac{\Delta R}{R} = K\varepsilon_x \tag{2-1-2}$$

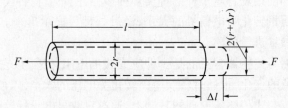

图 2-1-1 金属丝拉伸后的参数变化

式中 ΔR——金属丝电阻的变化量;

K ——电阻应变片的灵敏度;

ε_x ——金属材料的轴向应变,即 $\varepsilon_x = \dfrac{\Delta l}{l}$。

由材料力学可知,$\varepsilon_x = F/(AE)$,所以,$\Delta R/R$ 又可表示为

$$\frac{\Delta R}{R} = K \frac{F}{AE} \tag{2-1-3}$$

式中 A——试件的截面积;

E——其弹性模量。

在实际使用中,将电阻应变片粘贴在传感器弹性元件或者被测试件的表面。当传感器中的弹性元件或者被测试件受到外力作用产生应变时,电阻应变片也会感受到该变化,并随之产生应变,从而使得应变片电阻值发生变化,通过测量转换电路便可以转换为电压或者电流的变化。

值得注意的是,由于被测试件和应变片之间存在蠕变影响,所以,被测件和应变片二者的应变之间是存在差异的,但这种差异不大,在工程上通常可以忽略不计。

二、应变片的结构与类型

1. 应变片的结构

电阻应变片是一种能将被测试件表面的应变变化转化为电阻变化的传感元件。为了在较小的尺寸范围内敏感有较大的应变输出，通常把应变丝制成栅状的应变传感元件。应变片的结构形式很多，但其主要组成部分基本相同，即由基底、敏感栅、覆盖层以及引出线等几部分组成，如图 2 - 1 - 2 所示。

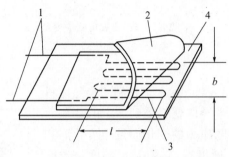

图 2 - 1 - 2 电阻应变片的基本结构
1—引出线；2—覆盖层；3—敏感栅；4—基底。

（1）基底——保持电阻丝固定的形状、尺寸和位置，一般为纸或胶片物质，厚度一般为 0.02mm ~ 0.04mm。

（2）敏感栅——实现应变（长度的相对变化）电阻转换的传感元件，通常由直径 0.015mm ~ 0.05mm 电阻丝绕成。图 2 - 1 - 2 中 l 表示栅长，b 表示栅宽，其阻值一般在 100Ω 以上。

（3）覆盖层——用纸、胶做成负载在电阻丝上的保护层，起防潮、防蚀和防损等作用。

（4）引出线——起着敏感栅和测量电路之间的过渡连接和引导作用，通常取直径为 0.1mm ~ 0.15mm 的低阻镀锡铜线，并用钎焊与敏感栅端连接。

2. 应变片的类型

应变片按照敏感栅材料的不同，可分为金属应变片和半导体应变片两大类。

1）金属应变片

金属应变片可分为金属丝式、箔式和薄膜式三种结构形式。

金属丝式应变片如图 2 - 1 - 3(a)所示。它是将金属丝按照图示形状弯曲后用黏合剂贴在衬底上形成的，基底可分为纸基、胶基和纸浸胶基等。电阻丝两端焊有引出线，使用时只要将应变片贴于弹性体上就构成了应变式传感器。它结构简单、价格低、强度高，但允许通过的电流较小，测量精度较低，适用于对测量要求不很高、应力的大批量、一次性试验等场合，有逐渐被箔式取代的趋势。

箔式应变片如图 2 - 1 - 3(b)所示。此类应变片的敏感栅是通过光刻和腐蚀等工艺制成的。箔栅的厚度一般为 0.001mm ~ 0.005mm。箔式应变片相对于金属丝式应变片其接触面积大，散热性好，允许通过较大的电流。由于它的厚度薄，因此具有较好的可绕性，可以根据使用者的需求制成任意形状。箔式应变片的一致性较好，适合于大批量生产，因此得到了广泛的使用。

金属薄膜式应变片是采用真空蒸镀或溅射式阴极扩散等方法，在薄的基底材料上制作一层金属电阻材料薄膜，最后加保护层形成这种应变片。其允许电流较大，工作温度范围较广，是近年薄膜技术发展的产物。

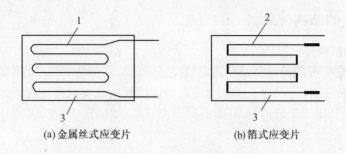

(a)金属丝式应变片   (b)箔式应变片

图2-1-3 金属电阻应变片

1—金属丝;2—箔丝;3—基底。

2）半导体应变片

半导体应变片如图2-1-4所示。它是利用半导体材料作为敏感栅而制成的,当半导体材料受到一定的载荷而产生应力时,它的电阻率会随应力的变化而发生变化。和金属应变片相比较,它的灵敏度很高,但是灵敏度一致性差、温漂大、电阻和应变之间非线性严重。在实际使用中,需要采用温度补偿以及非线性补偿等措施。图2-1-4中N型和P型半导体受力,一个电阻增大,一个减小,可构成双臂半桥,实现温度自动补偿功能。

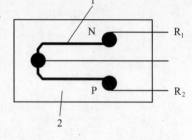

图2-1-4 半导体应变片

1—半导体;2—基底。

表2-1-1给出了上海华东电子仪器厂生产的一些应变片的主要技术参数,其中,PZ为纸基丝式应变片,PJ型为胶基丝式应变片,BA型、BB型、BX型为箔式应变片,PBD型为半导体应变片。

表2-1-1 应变片主要技术参数

参数名称	电阻值/Ω	灵敏度	电阻温度系数/(1/℃)	极限工作温度/℃	最大工作电流/mA
PZ-120型	120	1.9~2.1	20×10^{-6}	-10~40	20
PJ-120型	120	1.9~2.1	20×10^{-6}	-10~40	20
BX-200型	200	1.9~2.2	—①	-30~60	25
BA-120型	120	1.9~2.2	—	-30~200	25
BB-350型	350	1.9~2.2	—	-30~170	25
PBD-1K型	1000±10%	140±5%	<0.4%	<60	15
PBD-120型	120±10%	120±5%	<0.2%	<60	25
① 可根据被粘贴材料的线膨胀系数进行自补偿加工,以下同					

三、测量转换电路

电阻应变片把被测试件的应变转换成 $\Delta R/R$ 后,由于应变量及其应变电阻变化一般都很微小,既难以直接精确测量,又不便直接处理,因此,必须采用测量转换电路将应变电阻片的 $\Delta R/R$ 变化转化为可用的电压或电流输出。

在应变电阻式传感器中,最常用的测量转换电路是桥式电路,可以将 $\Delta R/R$ 变化转化为电压输出,因其灵敏度高、精度高、测量范围宽、电路结构简单、易于实现温度补偿等特点能很好地满足应变测量的要求。根据电源性质的不同,桥式电路可分为交流电桥和直流电桥两类。

下面以直流电桥为例分析桥式电路的工作原理和特点。

1. 电桥的工作原理

典型的桥式测量转换电路如图 2 – 1 – 5(a)所示。四个臂 R_1、R_2、R_3、R_4 按顺时针方向为序,对角线结点 ac 接电源电压 U_i,另一个对角线结点接输出电压 U_o,输出电压 U_o 为

$$U_o = \frac{U_i}{R_1 + R_2}R_1 - \frac{U_i}{R_3 + R_4}R_4 \tag{2-1-4}$$

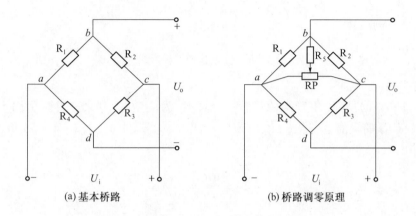

(a)基本桥路   (b)桥路调零原理

图 2 – 1 – 5 桥式测量转换电路

为了使电桥在测量前输出电压为零,四个桥臂电阻的选择应该满足 $R_1 R_3 = R_2 R_4$ 或 $R_1/R_2 = R_4/R_3$,这就是电桥平衡的条件。在实际使用时,R_1、R_2、R_3、R_4 不可能严格地成比例关系,使得在即使没有受到外力作用时,桥路的输出也不一定为零,从而造成测量误差。因此桥路必须设置调零电路,如图 2 – 1 – 5(b)所示。调节 RP,可以使得最终 $R_1'/R_2' = R_4/R_3$,电桥平衡,输出电压为零,这一过程称为调零。图 2 – 1 – 5(b)中 R_5 是用于减小调节范围的限流电阻。上述调零方法广泛应用于力和应变相关的测量仪表中,如电子秤等。

每个桥臂的电阻变化值一般满足 $\Delta R_i \ll R_i$,当电桥输出端地负载电阻足够大,并且以全等臂(初始值 $R_1 = R_2 = R_3 = R_4$)形式工作时,电桥的输出电压 U_o 可以近似表示为

$$U_o = \frac{U_i}{4}\left(\frac{\Delta R_1}{R_1} - \frac{\Delta R_2}{R_2} + \frac{\Delta R_3}{R_3} - \frac{\Delta R_4}{R_4}\right) \tag{2-1-5}$$

由于 $\dfrac{\Delta R}{R} = K\varepsilon_x$,因此当各臂上应变片灵敏度相同时有

$$U_o = \frac{U_i}{4}K(\varepsilon_1 - \varepsilon_2 + \varepsilon_3 - \varepsilon_4) \tag{2-1-6}$$

式(2 – 1 – 6)中的 ε_1、ε_2、ε_3 和 ε_4 可以是被测试件的拉应力,也可以是压应力,取决于应变片的粘贴方向和受力方向。若为拉应力,ε 应以正值代入;若为压应力,则以负值代入。

2. 电桥的形式

在测量技术中,根据在工作时电阻值发生变化的桥臂数目的不同,电桥可分为单臂半桥、双臂半桥以及全桥三种形式,如图 2 – 1 – 6 所示,箭头表示应变片的受力方向。设图 2 – 1 – 6 中均为全等臂电桥($R_1 = R_2 = R_3 = R_4 = R$),且桥路初始平衡,可分析如下。

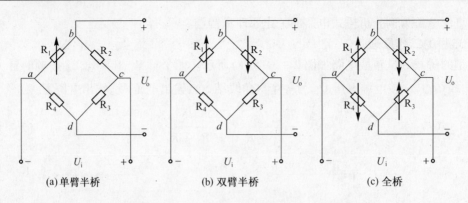

(a) 单臂半桥　　　　　(b) 双臂半桥　　　　　　(c) 全桥

图 2-1-6　电桥的三种形式

1）单臂半桥

如图 2-1-6(a)所示，单臂半桥只有一个臂 R_1 为应变片，其余三臂均为固定电阻。因此，受力时只有 R_1 的阻值会变化（ΔR_1），$\Delta R_2 \sim \Delta R_4$ 均为零，根据式（2-1-5）和式（2-1-6），电桥的输出电压为

$$U_\text{o} = \frac{U_\text{i}}{4} \frac{\Delta R}{R} = \frac{U_\text{i}}{4} K\varepsilon \qquad (2-1-7)$$

2）双臂半桥

如图 2-1-6(b)所示，双臂半桥有两个臂 R_1、R_2 为应变片，其余两臂均为固定电阻。受力时，R_1 的阻值会变化（$\pm \Delta R_1$），R_2 的阻值会变化（$\mp \Delta R_2$），$\Delta R_3 = \Delta R_4 = 0$。当 $\Delta R_1 = \Delta R_2 = \Delta R$ 时，根据式（2-1-5）和式（2-1-6），电桥的输出电压为

$$U_\text{o} = \frac{U_\text{i}}{2} \frac{\Delta R}{R} = \frac{U_\text{i}}{2} K\varepsilon \qquad (2-1-8)$$

3）全桥

如图 2-1-6(c)所示，全桥的四个臂 R_1、R_2、R_3、R_4 均为应变片。受力时，R_1 的阻值会变化（$\pm \Delta R_1$），R_2 的阻值会变化（$\mp \Delta R_2$），R_3 的阻值会变化（$\pm \Delta R_3$），R_4 的阻值会变化（$\mp \Delta R_4$）。当 $\Delta R_1 = \Delta R_2 = \Delta R_3 = \Delta R_4 = \Delta R$ 时，根据式（2-1-5）和式（2-1-6），电桥的输出电压为

$$U_\text{o} = U_\text{i} \frac{\Delta R}{R} = U_\text{i} K\varepsilon \qquad (2-1-9)$$

由此可见，设法使被测试件受力后，电阻应变片 $R_1 \sim R_4$ 的电阻增量（或感受到的应变 $\varepsilon_1 \sim \varepsilon_4$）正负号相间，就可以使输出电压 U_o 成倍增大。同时形式不同，其灵敏度也不同，全桥方式的灵敏度最高，双臂半桥的次之，单臂半桥的灵敏度最低。

3. 电桥的温度补偿

在实际应用中，除了应变能导致应变片的阻值变化外，环境温度的变化也会导致应变片阻值的变化，从而带来测量误差。采用一定的措施来消除或减小温度变化的影响，这种方法称为温度补偿。常用的温度补偿方法，一是从电阻应变片的敏感栅材料和制造工艺采取措施；二是采用适当的贴片技巧与桥路形式来消除温度的影响。这里主要介绍桥路补偿法。

采用单臂半桥测量如图 2-1-7(a)所示的试件上表面某点的应变式，可采用两片型号、初始电阻值、灵敏度都相同的应变片 R_1 和 R_2。R_1 贴在试件的测量点上，R_2 贴在补偿块上。

补偿块就是与试件材料、温度相同，但不受力的试块，如图 $2-1-7$(b)所示。R_1 和 R_2 所处于相同的温度场中，并按照图 $2-1-6$(b)的方式接入电桥相邻两臂上。当试件受力且环境温度变化时，应变片 R_1 的电阻变化率为

$$\frac{\Delta R_1}{R_1} = \frac{\Delta R_{1F}}{R_1} + \frac{\Delta R_{1t}}{R_1} \qquad (2-1-10)$$

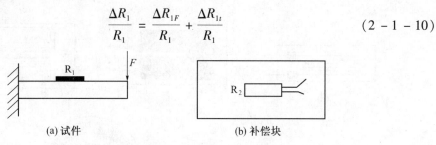

(a) 试件 (b) 补偿块

图 $2-1-7$　补偿块实现温度补偿

式中　ΔR_{1F}——由受力引起的 R_1 阻值的变化量；

　　　ΔR_{1t}——由温度引起的 R_1 阻值的变化量。

应变片 R_2（温度补偿片）只有受温度变化引起的电阻变化率为

$$\frac{\Delta R_2}{R_2} = \frac{\Delta R_{2t}}{R_2} \qquad (2-1-11)$$

由于 $\dfrac{\Delta R_{1t}}{R_1} = \dfrac{\Delta R_{2t}}{R_2}$，因此，根据式（$2-1-5$）可知输出电压为

$$U_o = \frac{U_i}{4}\frac{\Delta R_{1F}}{R_1} \qquad (2-1-12)$$

从式（$2-1-12$）可以看出，桥路的输出电压只和所受应变有关，而不受温度变化的影响，因而这种补偿块补偿法可以克服温漂，实现温度补偿。

上述方法是单臂半桥的补偿技术，如果测量转换电路采用的是双臂半桥或者全桥的工作方式，由于电桥相邻两臂同时受到温度影响，温度变化引起的应变片阻值变化大小、符号均相同，所以，代入式（$2-1-5$）可以互相抵消，从而达到温度补偿的目的。因此，双臂半桥和全桥具有温度自补偿的功能。

■ 知识运用

一、应变片的选择和使用

使用应变片进行力的测量时，需要将其粘贴在被测对象的表面上。当被测对象受力发生形变时，应变片的敏感栅也随之发生形变，从而使得其电阻值也发生相应变化，再通过桥式测量转换电路转成电压或电流的变化。不同的测试对象或者使用场合，需要选择不同类型的应变电阻片，并通过正确的粘贴工艺完成粘贴。

1. 应变片的选择

（1）选择类型：按使用的目的、要求、对象及环境条件等，可参照图 $2-1-8$ 以及表 $2-1-2$ 选择应变片的类别和结构形式。例如，常温下测力传感器传感元件的应变片，常选用箔式或半导体式的应变片。

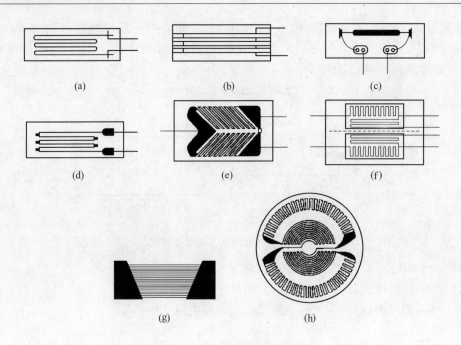

图2-1-8 几种典型的应变片

表2-1-2 几种应变片的类型和特点

名称	说明	图示	应用特点
单轴应变片	一栅或多栅同方向共基应变片	图2-1-8(a)~图2-1-8(d)	适用于试件表面主应力方向已知的情况下
多轴应变片（应变花）	一基底上具有几个方向敏感栅的应变片	图2-1-8(e)、(f)、(h)	适用于平面应变场中,需准确地检测试件表面某点的主应力大小和方向
丝绕式应变片	用耐热性不用合金丝材料绕制而成	图2-1-8(a)	可适用于不同温度,尤其适用于高温,寿命较长,但横向效应大,散热性差
短接式应变片	敏感栅轴向部分用高ρ丝材,横向部分用低ρ丝材组合而成	图2-1-8(b)	横向效应小,可做成双丝温度自补偿,适用于中温、高温,但寿命、应变极限低
箔式应变片	敏感栅用厚3μm~10μm的铜镍合金箔光刻而成	图2-1-8(c)、(e)、(g)、(h)	尺寸小,品种多,静态、动态特性和散热性均好,工艺复杂,广泛用于常温
半导体应变片	由单晶半导体经切型、切条、光刻腐蚀成形,然后粘贴而成	图2-1-8(c)	灵敏度比金属材料大100倍,动态特性好,但重复性及温度、时间稳定性差
高温应变片	工作温度大于350℃,用耐高温基底,粘结剂经高温固化而成		常用金属基底,适用时用点焊将应变片焊接在试件上
特殊用途应变片	大应变应变片		用于测量 $\varepsilon = (2 \sim 5) \times 10^5 \mu\varepsilon$
	防水应变片		用于水下应变测量
	防磁应变片		用于强磁环境中测量
	裂痕扩展应变片	图2-1-8(g)	用于测量裂痕扩展速度

（2）材料考虑：根据使用温度和时间、最大应变量及精度要求等，选用合适的敏感栅和基底材料的应变片。

（3）阻值选择：依据测量线路或仪器选定应变片的标称阻值。例如，配用电阻应变仪，常选用 120Ω 的阻值；为提高灵敏度，常采用较高的供桥电压和较小的工作电流，则选用 350Ω、500Ω 或 1000Ω 的阻值。

（4）尺寸选择：按照试件表面粗糙度、应力分布状态合粘贴面积大小等选择尺寸。

（5）其他考虑：指特殊用途、恶劣环境、高精度要求等情况，参见表 2-1-2。

2. 应变片的使用

应变片是通过黏合剂粘贴在试件表面上的，黏合剂的种类很多，选用时需要根据基片材料、工作温度、潮湿程度、稳定性、是否加温加压、粘贴时间等多方面因素进行合理选择。

应变片的粘贴质量直接决定了应变测量的精度，必须十分注意。现按照粘贴的工艺过程将粘贴的步骤做一简要说明。

1）检查

首先应该检查所选用的应变片的外观，观察应变片的敏感栅是否整齐、均匀，是否有锈斑、短路、断路和折弯等现象。同时，对应变片的阻值进行测量，选取的阻值符合传感器平衡调整的要求。

2）试件的表面处理

为了保证一定的黏合强度，必须把试件表面处理干净，清除杂质、油污及表面氧化层等。粘贴表面应保持平整、光滑。一般的处理方法是采用砂纸打磨，较好的处理方法是采用无油喷砂法，这样可以得到比抛光更大的表面积，而且质量均匀。值得注意的是，为了防止氧化，应变片的粘贴应该尽快进行。如果暂时不贴片，可涂上一层凡士林暂作保护。

3）底层处理

为了保证应变片能够牢固地贴在试件上，并具有足够的绝缘电阻，改善胶接性能，可在粘贴位置涂上一层底胶。

4）贴片

确定应变片粘贴的位置，在试件上按照测量要求画出中心线。将应变片底面用清洁剂清洗干净，然后在试件表面和应变片底面各涂上一层薄而均匀的黏合剂。稍干后，将应变片对准划线位置迅速粘贴，然后覆盖上一层玻璃纸，用手指火胶辊加压，挤出气泡和多余的胶水。加压时要防止应变片错位。

5）固化

黏合剂的固化是否完全，直接影响到胶的物理机械性能。关键是要掌握好温度、试件和循环周期。无论自然干燥还是加热固化都应严格按照工艺规范进行。为了防止强度降低、绝缘破坏以及电化腐蚀，在固化后的应变片上应涂上防潮保护层，防潮保护层一般可采用稀释的黏合剂。

6）粘贴质量检查

首先检查粘贴位置是否正确，黏合层是否有气泡、漏粘和破损等。然后通过测量检查敏感栅是否有短路或者断路现象以及敏感栅的绝缘性能等。

7）引线的焊接与保护

检查合格后即可焊接引出线。引出线要用柔软、不易老化的胶合物适当加以固定，以防止导线摆动时折断应变片的引线。然后在应变片上涂上一层柔软的保护层，以防止大气侵蚀，从而保证长期稳定工作。

二、电阻应变式传感器实现力的检测

电阻应变片的应用有两个方面：一是作为敏感元件，直接粘贴于被测试件表面，然后接到应变仪上，用于被测试件的应变量测量；另一个是作为传感元件，通过弹性敏感元件构成传感器，用以对任何能转化成弹性元件应变的其他物理量进行测量，这样就构成测量多种物理量的专用电阻应变式传感器。在多种被测物理量中，测力和称重是电阻应变式传感器的最大应用领域。

1. 力的测量

电阻应变式传感器中的各种弹性元件一般为弹性敏感元件，传感元件就是应变片，测量转换电路一般为桥式电路。将应变片粘贴在弹性元件表面，弹性元件在力 F 的作用下发生应变，应变片也相应发生应变，两者的应变在工程上通常认为是一致的。由材料力学知识可以知道，试件的应变满足 $\varepsilon_x = F/AE$，其中，A 是试件（弹性元件）的横截面面积，E 是试件（弹性元件）的弹性模量。一旦试件选定后，A 和 E 均是已知的参数，这样力 F 便与应变 ε_x 成正比，所以，利用应变式传感器的测量可以获得试件受力的大小。

视弹性元件的结构形式和受载性质（拉、压、弯曲、剪切等）不同，应变式测力传感器有多种类型，其基本结构类型有如图 2-1-9 所示的几种。

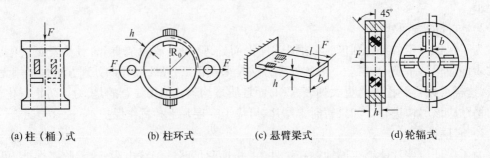

|(a) 柱（桶）式|(b) 柱环式|(c) 悬臂梁式|(d) 轮辐式|

图 2-1-9　应变式测力传感器基本类型

柱（桶）式结构简单，承载能力大，桶形抗偏心和侧向力的能力强；柱环式刚度大，沿环周应力分布变化大，内外拉压差动，可以提高灵敏度；悬臂梁式结构简单，贴片方便，灵敏度高，适用于小载荷，高强精度场合；轮辐式结构较为复杂，线性好，精度高，抗偏心和侧向力强，适用于高精度传感器。

在弹性元件表面一般粘贴有多个应变片，构成差分结构。以如图 2-1-10 所示的悬臂梁式传感器为例，在梁的上表面粘贴有应变片 R_1、R_3，下表面粘贴有应变片 R_2、R_4。当如图 2-1-10 所示方向的力 F 作用到悬臂梁的末端时，梁的上表面产生拉应变，下表面产生压应变，在此基础上应变片 R_1、R_3 受到拉应变，应变片 R_2、R_4 受到压应变。上表面、下表面应变片的应变大小相等，符号相反。

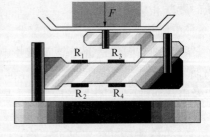

图 2-1-10　悬臂梁应变片的粘贴

需要指出的是，应变片用于力的测量时，应变片需要粘贴到弹性元件表面（由专业的生产厂家完成），形成一体化的应变式力传感器。应变式力传感器在使用时，被测的力是作用在弹性元件上而不是应变片上，否则，会损坏应变式力传感器。

2. 应变式荷重传感器

荷重传感器是一种典型的应变式测力称重传感器类型，如图 2-1-11 所示。下面对这一

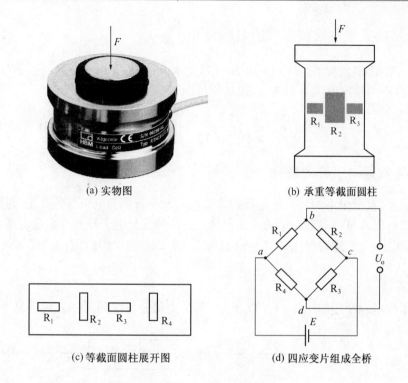

(a) 实物图　　　　　　　(b) 承重等截面圆柱

(c) 等截面圆柱展开图　　　(d) 四应变片组成全桥

图 2 - 1 - 11　荷重传感器

常用传感器做一简要介绍。

应变片粘贴在钢制圆柱(称为等截面轴,可以是实心圆柱,也可以是空心薄壁圆筒)的表面。在如图 2 - 1 - 11(a)所示力的作用下,等截面轴发生应变。R_2、R_4 感受到的应变与等截面轴的轴向应变相同,为压应变;而 R_1、R_3 沿圆周方向粘贴,当等截面轴受到压力时,沿圆周方向反而是受拉的,因此 R_1、R_3 感受到的为拉应变,即等截面轴的轴向应变与其径向应变符号相反。当 $R_1 \sim R_4$ 接入电桥时,如图 2 - 1 - 11(d)所示,R_1、R_2、R_3、R_4 以正负相间的数值代入式(2 - 1 - 4),可以获得较大的输出电压。

当被测力较大时,一般多采用钢材制作弹性敏感元件,钢的弹性模量约为 $2 \times 10^{11}\ \text{N/m}^2$;当被测力较小时,可以用铝合金或铜合金材料。铝的弹性模量约为 $0.7 \times 10^{11}\ \text{N/m}^2$。材料越硬,弹性模量越小,其灵敏度就越低,能承受的载荷就越大。

在实际使用中,生产厂家一般会给出传感器的灵敏度 K_F,它定义为满量程时的输出电压 U_{om} 与桥路电压 U_i 之比,即

$$K_F = \frac{U_{om}}{U_i} \qquad (2 - 1 - 13)$$

当 K_F 为常数时,桥路所加的激励源电压 U_i 越大,满量程输出电压 U_{om} 越高。荷重传感器在额定荷重范围内,其输出电压 U_o 与被测荷重 F 成正比,即

$$\frac{U_o}{U_{om}} = \frac{F}{F_m} \qquad (2 - 1 - 14)$$

其中,F_m 为荷重传感器满量程。将式(2 - 1 - 12)代入式(2 - 1 - 13),可以得到在被测荷重为 F 时的输出电压 U_o。

$$U_{\mathrm{o}} = \frac{F}{F_{\mathrm{m}}} U_{\mathrm{om}} = \frac{K_{\mathrm{F}} U_{\mathrm{i}}}{F_{\mathrm{m}}} F \qquad (2-1-15)$$

例如,对于一个满量程 $F_{\mathrm{m}} = 100 \times 10^{3}\mathrm{N}$,灵敏度 $K_{\mathrm{F}} = 2\mathrm{mV/V}$ 的荷重传感器,当桥路电压为 12V 时,测得桥路的输出电压为 8mV,可以计算被测荷重为

$$F = \frac{F_{\mathrm{m}}}{K_{\mathrm{F}}} \frac{U_{\mathrm{o}}}{U_{\mathrm{i}}} = \frac{100 \times 10^{3} \times 8 \times 10^{-3}}{2 \times 10^{-3} \times 12} = 33.3 \times 10^{3}\mathrm{N} = 3.4\mathrm{t}$$

三、简易数显电子秤的制作

电子秤的实现,最根本的要求便是将物体质量的大小转换为电信号的大小,并加以处理显示出来。应变电阻片可以实现质量的检测。这里介绍的数显电子秤具有准确度高、易于制作、成本低廉、体积小巧、实用等特点。其分辨力为 1g,在 2kg 的量程范围内经仔细调校,测量精度可 0.5% RD ±1 字。

1. 工作原理

数显电子秤电路原理如图 2-1-12 所示,其主要部分为电阻应变式传感器 R_1 和 IC1 及

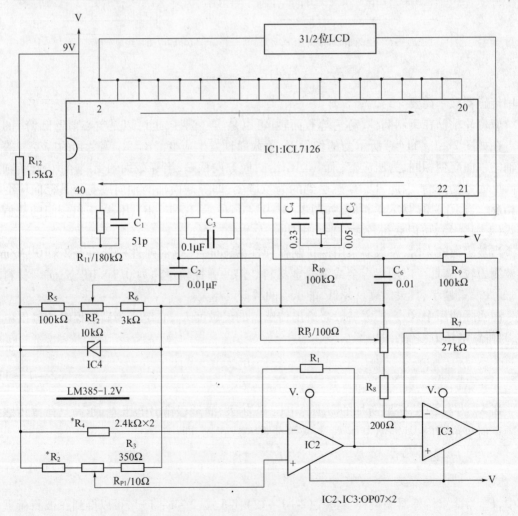

图 2-1-12　数显电子秤电路原理图

外围元件组成的数显面板表,及由 IC2、IC3 组成的测量放大电路。传感器 R_1 采用 E350-2AA 箔式电阻应变片,其常态阻值为 350Ω。测量电路将 R_1 产生的电阻应变量转换成电压信号输出。IC3 将经转换后的弱电压信号进行放大,作为 A/D 转换器的模拟电压输入。IC4 提供 1.22V 基准电压,它同时经 R_5、R_6 及 RP_2 分压后作为 A/D 转换器的参考电压。31/2 位 A/D 转换器 ICL7126 的参考电压输入正端由 RP_2 中间触头引入,负端则由 RP_3 的中间触头引入。两端参考电压可对传感器非线性误差进行适量补偿。

2. 元件选择

(1) IC1 选用 ICL7126 集成块;IC2、IC3 选用高精度低温标精密运放 OP-07;IC4 选用 LM385-1.2V 集成块。

(2) 传感器 R_1 选用 E350-2AA 箔式电阻应变片,其常态阻值为 350Ω。

(3) 各电阻元件可选用精密金属膜电阻。

(4) RP_1 选用精密多圈电位器,RP_2、RP_3 经调试后可分别用精密金属膜电阻代替。

(5) 电容中 C_1 选用云母电容或瓷介电容。

3. 制作

该数显电子秤外形可参考图 2-1-13 中的形式。其中,形变钢件可用普通钢锯条制作,其方法是:首先将锯齿打磨平整,再将锯条加热至微红,趁热加工成"U"形,并在对应位置钻孔,以便以后安装。然后再将其加热至呈橙红色(七八百摄氏度),迅速放入冷水中淬火,以提高硬度和强度,最后进行表面处理工艺。秤钩可用强力胶粘接于钢件底部。应变片则用专用应变黏合剂粘接于钢件变形最大的部位(内侧正中),这时其受力变化与阻值变化刚好相反。拎环应用活动链条与秤体连接,以便使用时秤体能自由下垂,同时拎环还应与秤钩在同一垂线上。

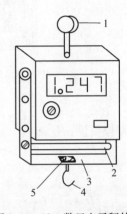

图 2-1-13 数显电子秤外形
1—拎环;2—支撑钢件;
3—形变钢件;4—秤钩;
5—箔式应变片。

4. 调试

在调试过程中,应准备 1kg 及 2kg 标准砝码各一个,其过程如下:

(1) 在秤体自然下垂已无负载时调整 RP_1,使显示器准确显示零。

(2) 调整 RP_2,使秤体承担满量程质量(本电路选满量程为 2kg)时显示满量程值。

(3) 在秤钩下悬挂 1kg 的标准砝码,观察显示器是否显示 1.000。如有偏差,可调整 RP_3 值,使之准确显示 1.000。

(4) 重新进行(2)、(3)步骤,直到均满足要求为止。

(5) 最后准确测量 RP_2、RP_3 电阻值,并用固定精密电阻予以代替。

RP_1 可引出表外调整。测量前先调整 RP_1,使显示器回零。

■ 知识拓展

一、电阻应变式传感器的其他应用

1. 压力测量

电阻应变式传感器可以用于对液体、气体的压力测量,测量压力范围一般为 10^4Pa ~

10^7Pa。视其弹性体的结构形式有单一式和组合式之分。

单一式是指应变片直接粘贴在受压弹性膜片或筒上。图2-1-14给出了筒式应变压力传感器,其中图2-1-14(a)为结构示意图;图2-1-14(b)为材料取E和μ的厚底应变筒;图2-1-14(c)为四片应变片布片,工作应变片R_1、R_2沿筒外壁周向粘贴,温度补偿应变片R_3、R_4贴在筒底外壁,并接成全桥。当应变筒内壁感受到压力P时,筒外壁的周向应变为

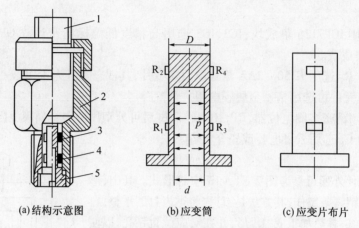

(a)结构示意图　　　(b)应变筒　　　(c)应变片布片

图2-1-14　筒式应变压力传感器

1—插座;2—基体;3—温度补偿应变片;4—工作应变片;5—应变筒。

对厚壁筒,有

$$\varepsilon_t = \frac{(2-\mu)d^2}{(D^2-d^2)E} \cdot P \qquad (2-1-16)$$

对薄壁筒$\left(\dfrac{D-d}{D+d} < \dfrac{1}{40}\right)$有

$$\varepsilon_t = \frac{(2-\mu)d}{2(D-d)E} \cdot P \qquad (2-1-17)$$

组合式压力传感器则由受压弹性元件(膜片、膜盒或波纹管)和应变弹性元件(如各梁)组合而成。前者承受压力,后者粘贴应变片,两者之间通过传力件传递压力作用。这种结构的优点是受压弹性元件能对流体高温、腐蚀等影响起到隔离作用,使应变片具有良好的工作环境。

图2-1-15为非粘贴型应变压力传感器,它的弹性体由弹性膜片和十字叉梁组合而成。应变片即为绕在绝缘(宝石)柱上的上下两组电阻丝,并施以一定的预紧力。当弹性元件变形时,上下电阻丝随之有差动变形和输出。非粘贴型应变片无需基底和黏合剂,因此这种传感器滞后和蠕变极微,分辨力极高,但缺点是制造复杂。

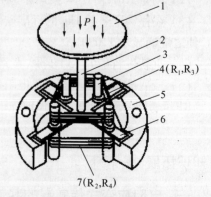

图2-1-15　非粘贴型应变压力传感器

1—膜;2—导杆;3—宝石柱;4—电阻丝;
5—支座;6—十字叉梁;7—电阻丝。

2. 加速度测量

应变式加速度传感器主要用于对物体加速度的测量。其基本原理是:物体运动的加速度a与作用在它

上面的力 F 成反比,与物体的质量 m 成正比,即 $a = F/m$。

应变式加速度传感器由质量块、贴有应变片的弹性元件和基座等几部分组成,如图 2 – 1 – 16所示。实际使用时,传感器的基座与被测物体固定在一起,质量块受到一个与加速度方向相反的惯性力的作用,使悬臂梁形变。该形变被粘贴在悬臂梁上的应变片感受到并随之产生应变,从而使得应变片的阻值发生变化,电阻的变化引起由应变片组成的桥路输出不平衡,从而输出电压,即可得出加速度 a 的数值。

值得注意的是,应变式加速度传感器不适于频率较高的振动和冲击,一般使用频率为 $10\text{Hz} \sim 60\text{Hz}$。

3. 扭矩测量

使机械部件转动的力矩称为转动力矩,简称转矩,也称为扭矩。任何部件在转矩的作用下必然产生某种程度上的扭转变形。在试验和检测各类回转机械中,扭矩通常是一个重要的被测参量。

在扭矩的作用下,扭转轴的表面将产生拉伸或压缩应变。应变式扭矩传感器就是利用应变片将扭矩产生的应变转化为电阻值的变化。弹性元件为整体式薄壁筒,应变片在薄壁筒的同一圆周线上成 $45°$ 和 $135°$ 方向粘贴,如图 2 – 1 – 17 所示。在实际制作与测量时,沿轴的某断面的圆周方向每隔 $90°$ 放置一个应变片,并将它们连接为全桥。这种布局可提高扭矩传感器的输出灵敏度,并消除轴向力合弯曲力的影响。

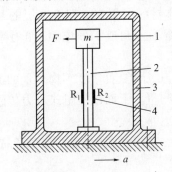

图 2 – 1 – 16 应变式加速度传感器结构示意图
1—质量块；2—悬臂梁；3—基底；4—应变片。

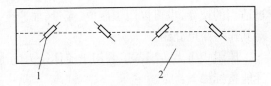

图 2 – 1 – 17 应变式扭矩传感器展开图
1—应变片；2—薄壁筒。

4. 位移测量

应变式位移传感器可以将位移量的大小转化为弹性元件的形变和应变,从而通过应变片及其构成的桥式电路输出正比于被测位移量的电量。它可用来近测或远测静态或动态的位移量。应变式位移传感器既要求弹性元件刚度小,被测对象的影响反力小,又要求系统的固有频率高,动态频响特性好。

图 2 – 1 – 18(a)为国产 YW 系列应变式位移传感器的结构图。这种传感器由于采用了悬臂梁与螺旋弹簧串联的组合形式,因此它适用于较大位移(量程大于 $10\text{mm} \sim 100\text{mm}$)的测量,其工作原理示意如图 2 – 1 – 18(b)所示。

图 2 – 1 – 18 中,拉伸弹簧的一端与测量杆相连,另一端与悬臂梁相连。当测量杆随着被测物体产生位移 d 时,它将带动弹簧,使悬臂梁弯曲形变,其弯曲应变与位移 d 呈线性关系。由 2 – 1 – 18(b)图可知,测量杆的位移 d 等于悬臂梁端部位移量 d_1 与螺旋弹簧伸长量 d_2 之和。悬臂梁的形变导致粘贴在悬臂梁底部的四片正反分布的应变片产生应变,最终实现位移

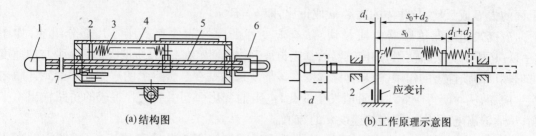

(a)结构图　　　　　　　　(b)工作原理示意图

图 2 – 1 – 18　国产 YW 系列应变式位移传感器

1—测量头；2—悬臂梁；3—弹簧；4—外壳；5—测量杆；6—调整螺母；7—应变片。

量到电量的转换。

二、压阻式传感器

压阻式传感器是利用压阻效应开发的一种传感器。压阻效应是指半导体材料在外力作用下电阻率会发生变化的物理现象。压阻式传感器的优点是：灵敏度高，测量元件尺寸小，频率响应高，横向效应小。其缺点是：温度稳定性差，在较大的应变下，灵敏度的非线性误差大。

压阻式传感器主要有体型、薄膜型和扩散型等。体型是利用半导体材料的体电阻制成粘贴式的应变片；薄膜型是利用真空沉积技术将半导体材料沉积在带有绝缘层的基底上而制成的；扩散型是在半导体材料的基片上用集成电路工艺制成扩散电阻，作为测量传感元件。

压阻式传感器在工业上多用于与应变有关的力、压力、压差、真空度等物理量的测量。经过适当的换算，也可以用于液位、流量、加速度等参量的测量。下面以压阻式压力传感器为例对其作一简单介绍。

压阻式压力传感器主要用于流体压力的测量。图 2 – 1 – 19 所示的是一典型产品，其主要性能指标如下：

（1）量程：$6 \times 10^5 \text{Pa}$；

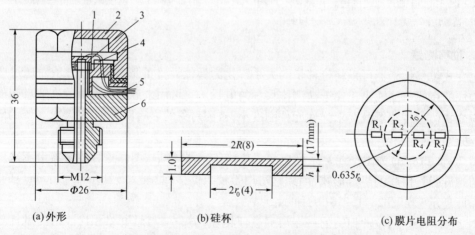

(a)外形　　　　　　(b)硅杯　　　　　　(c)膜片电阻分布

图 2 – 1 – 19　压阻式压力传感器

1—金引线；2—外罩；3—硅杯；4—玻璃杯；5—导线；6—基座。

（2）精度：$0.1\%\,F.S \sim 0.5\%\,F.S$；

（3）满量程输出：$30mV$；

（4）稳定度：零漂小于 $5 \times 10^{-4}\,F.S/℃$；时漂小于 $0.3\%\,F.S/4h$；

（5）阻抗：从几十欧到几千欧，自选；

（6）工作电压：$5V \sim 10V$；

（7）工作温度：一般型小于等于 $80℃$；高温型高达 $400℃$。

该传感器的组成结构如图 2-1-19（a）所示，其核心部分围做成杯状的硅膜片（也称硅杯），如图 2-1-19（b）所示。中间硅膜片有效直径为 4mm，膜厚视量程通常为 5nm～50nm。在硅膜片上用扩散掺杂工艺设置四个阻值相等的电阻，如图 2-1-19（c）所示，经蒸镀铝电极及连线接成电桥，再用压焊法与引线相连。膜片一侧是与被测对象相接的高压腔，另一侧是与大气相通或抽真空的低压腔。工作时，膜片受两侧压差作用而产生变形，产生的应力使得扩散应变片电阻有所变化。受压差沿直径方向各点的径向应变式是不同的，由于 R_2、R_4 离圆心较近，它们产生的是正应变力；R_1、R_3 离圆心较远，它们产生的是负应变力。这样合理连接后导致电桥失衡，可以输出与膜片两侧压差成正比的电压。

知识总结

1. 电阻应变式传感器属于电阻传感器的一种，其传感元件应变片是利用电阻应变效应的原理制成的。根据材料的不同它可分为金属应变片和半导体应变片两类。金属应变片有金属丝式、箔式和薄膜式三种结构；半导体应变片具有灵敏度高的显著特点，在使用时需要根据使用场合，合理选择应变片。

2. 电阻应变式传感器的测量转换电路一般采用桥式电路，分为单臂半桥、双臂半桥和全桥三种形式。全桥方式的灵敏度最高，双臂半桥的次之，单臂半桥的灵敏度最低。双臂半桥和全桥具有温度自补偿功能。

3. 电阻应变式传感器实现力的检测是通过将应变片粘贴在弹性敏感元件上的适当位置上，当被测件受力导致弹性敏感元件发生形变，使得应变片产生应变，导致其阻值发生变化，通过桥式测量转化电路输出测量电压。应变片需要根据使用对象和使用场合合理选择，并按工艺流程正确粘贴。

4. 数显电子秤是利用电阻应变式传感器实现力的检测完成的，它的电路主要包括应变电阻传感器、信号放大、A/D 转换和显示单元几部分组成。

5. 电阻应变式传感器除了可以实现测力和称重外，还可以实现对压力、加速度、扭矩、位移等参量的检测。压阻式传感器利用半导体材料的压阻效应广泛用于压力、压差等相关物理量的测量。

学习评价

本学习情境评价根据知识的学习和项目工作的完成情况进行考核评价，注重过程的考核。根据学习情境中各项任务完成的主体不同，分别对个人和小组进行考核评价。学习评价表如表 2-1-3 所列。

表2-1-3　学习情境2.1考核评价表

组别		第一组			第二组			第三组		
项目任务	分值	学生A	学生B	学生C	学生D	学生E	学生F	学生G	学生H	学生I
应变式传感器原理的学习	10									
测量转换电路的学习	10									
应变片的选择和使用	15									
电阻应变式传感器对力的测量	15									
数显电子秤的制作	20									
学习报告书	15									
团队合作能力	15									

▌思考题

1. 应变式传感器由哪几部分组成？它能测量哪些物理量？

2. 什么是应变效应？应变片有哪几种结构类型？

3. 按桥臂工作方式,桥式电路有几种类型？各自有什么特点？

4. 电阻应变片的灵敏系数为2,阻值为120Ω,将其沿轴向粘贴在直径为50mm的圆柱形钢柱表面,钢材料的弹性模量为$2.0 \times 10^{11} N/m^2$,当其轴向受到$10^5 N$的拉力时,应变片阻值的变化为多少？

5. 有一额定荷重为$20 \times 10^3 N$的等截面空心圆柱式荷重传感器,其灵敏度K_F为2mV/V,桥路电压U_i为12V,在弹性元件表面贴有四个应变片。

（1）画出应变片的粘贴位置,并给出全桥电路;

（2）求在额定荷重时的输出电压U_{om};

（3）求当承载为$5 \times 10^3 N$时的输出电压U_o;

（4）若在额定荷重时要得到10V的输出电压(用A/D转换器),那么放大器的放大倍数应为多少倍？

6. 电阻应变片的应用中为什么要进行温度补偿？补偿的方法有哪些？

7. 什么是压阻效应？压阻式传感器与贴片型电阻应变式传感器相比,有哪些优点及缺点？

8. 图2-1-20是应变式水平仪的结构示意图。应变片R_1、R_2、R_3、R_4粘贴在悬臂梁上,

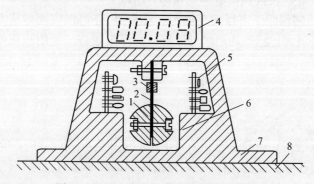

图2-1-20　应变式水平仪的结构示意图

1—质量块；2—悬臂梁；3—应变片；4—显示器；5—信号处理电路；6—限位器；7—外壳；8—被测平面。

悬臂梁的自由端安装一质量块，水平仪放置于被测平面上。请分析该水平仪的工作原理。

学习子情境 2.2：振动感知电子狗的实现

情境介绍

电子狗是一种周界报警器，用于室外需要周边防护的报警器。一旦有不法分子侵入该防护区域，报警器将产生报警信号，从而可以采用合理的手段来保护人员财产的安全。周界防范是第一道比较重要的防线，发现越早，损失越小。只有将周界防范做好了，人员财产的安全才有所保障。

一般来说，狗在休息时，一只耳朵总贴着地面，监听地面传来的信号，一旦有动静，便发出"汪汪"的叫声。这种特性一方面可以通知主人有人来访，另一方面还可以警示他人不要靠近。电子狗就是一种模拟狗的这种功能的传感器检测电路，它通过传感器检测人靠近时的脚步声振动信号，实现周界报警的功能。

压电式传感器可以很方便地实现这种电子狗的制作。简单地说，压电式传感器通过压电材料可以将作用在上面的动态力或者振动信息转化为电荷量输出，再通过适当的测量转换电路转为电压信号，这样便可以驱动报警器工作。

本学习子情境首先介绍了压电式传感器的原理和常见压电材料及其特性，在熟悉了压电式传感器进行振动检测基本原理的基础上通过电子狗的制作掌握压电式传感器的特性及主要应用场合。

学习要点

1. 理解压电效应和逆压电效应；
2. 熟悉主要压电材料类型及其特性；
3. 掌握电压放大器和电荷放大器的区别及各自特点；
4. 掌握压电式传感器进行振动测量的原理；
5. 熟悉电子狗的工作原理及其制作过程；
6. 了解压电式传感器的其他应用类型。

知识点拨

压电式传感器是一种典型的自发电式传感器，它的核心是具有压电效应的压电元件。当压电元件受到外力作用时，在电介质的表面会产生电荷，从而实现非电量到电量的转换。压电传感器元件属于力敏感元件，可以用来测量最终转化为力的那些非电物理量，如动态力、动态压力、振动、加速度等。和应变式测力传感器不同的是，压电式传感器不能用于静态参量的测量。此外，压电式传感器是一种可逆型机—电转换元件，它在超声波、水声换能器、拾音器、传声器、压电引信、煤气点火等方面有普遍应用。

压电式传感器具有体积小、重量轻、结构简单、工作可靠和灵敏度高等优点。随着电子工业的发展，与压电式传感器配套的仪表、元件和电缆的性能得到不断完善，使压电式传感器的应用日益广泛。

一、压电式传感器的工作原理

某些电介质在受到一定方向的外力作用下发生形变时,内部会产生极化现象,同时在其表面会产生电荷,且所产生的电荷量 Q 和外力的大小 F 成正比,即

$$Q = dF_x \qquad\qquad (2-2-1)$$

其中,d 表示压电常数。当外力方向改变时,电荷的极性也随之发生改变;当外力消失后,电荷消失,又恢复到原来状态,如图 $2-2-1$(a)所示。这种现象称为压电效应或正压电效应。与之相反,如果在这些电介质的极化方向上施加交变电场,它们会产生机械形变;当外加电场取消后,形变也随之消失。这种现象则称为逆压电效应或电致伸缩效应。压电效应具有可逆性,能实现机械能和电能之间的相互转换,如图 $2-2-1$(b)所示。

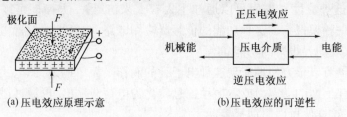

(a)压电效应原理示意　　　　　(b)压电效应的可逆性

图 $2-2-1$　压电效应

力学压电式传感器都是利用压电材料的正压电效应,而在水声和超声技术中,则利用逆压电效应制作声波和超声波的发射换能器。

二、压电材料及特性

在自然界中,大多数晶体都具有压电效应,但由于多数晶体的压电效应过于微弱,因此使用价值不大。压电式传感器中的压电材料基本可以分为三类:压电晶体、压电陶瓷和新型压电材料。压电晶体是一种单晶体,如石英晶体、酒石酸钾钠等;压电陶瓷是一种人工制作的多晶体,如钛酸钡、锆钛酸铅、铌酸锶等;新型压电材料属于新一代的压电材料,其中较为重要的有压电半导体和高分子压电材料。

1. 石英晶体

1)压电机理

目前发现的自然界晶体中最具有代表性、应用最广泛的是石英晶体。石英晶体结构是结晶六边形体系,棱柱体是它的基本组织,在它上面有三个直角坐标轴,如图 $2-2-2$ 所示。图 $2-2-2$(b)是石英晶体中间棱柱断面的下半部分,其断面为正六边形。z 轴是晶体的对称轴,称为光轴,该轴方向上没有压电效应;x 轴称为电轴,垂直于 x 轴晶面上的压电效应最为显著;y 轴称为机械轴,在电场的作用下,沿此轴方向的机械形变最为显著。如果从石英晶体上切割出一个平行六面体,使它的晶面分别平行于电轴、光轴和机械轴,如图 $2-2-2$(b)的阴影部分,那么在垂直于光轴的力(F_x 或 F_y)的作用下,晶体会发生极化现象,并且其极化矢量是沿着电轴,即电荷出现在垂直于电轴的平面上。

在沿着电轴 x 方向力的作用下,产生电荷的现象称为纵向压电效应;沿机械轴 y 方向力的作用下产生电荷的现象称为横向压电效应。当沿光轴 z 方向受力时,晶体不会产生压电效应。

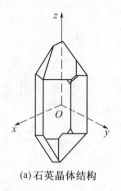 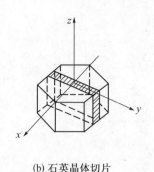

(a) 石英晶体结构   (b) 石英晶体切片

图 2 - 2 - 2　石英晶体

在晶体切片上，产生电荷的极性与受力的方向有关。图 2 - 2 - 3 给出了电荷极性与受力方向的关系。若沿晶片的 x 轴施加压力 F_x，则在加压的两表面上分别出现正、负电荷，如图 2 - 2 - 3(a) 所示。若沿晶体的 y 轴施加压力 F_y 时，则在加压的表面不出现电荷，电荷仍出现在垂直于 x 轴的表面上，只是电荷的极性相反，如图 2 - 2 - 3(c) 所示。若将 x、y 轴方向施加的压力改为拉力，则产生电荷的位置不变，只是电荷的极性相反，如图 2 - 2 - 3(b)、图 2 - 2 - 3(d) 所示。

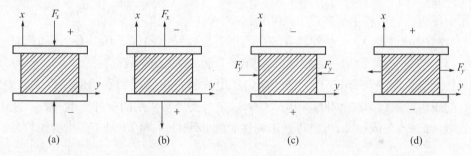

(a)   (b)   (c)   (d)

图 2 - 2 - 3　晶片电荷极性与受力方向的关系

2) 压电石英的特点

石英晶体不但绝缘性能好、机械强度高，而且它的压电温度系数很小，在 20℃ ~200℃ 的温度范围内，温度每上升 1℃，压电系数仅减小 0.016%。除此之外，它的居里温度(压电材料开始丧失压电性的温度)为 575℃。石英晶体资源较少，价格较贵，而且它的压电系数比压电陶瓷的压电系数低很多。鉴于以上优缺点，石英晶体主要在校准用的标准传感器以及精度要求很高的传感器中使用，在一般测量情况下，主要是采用压电陶瓷作为压电元件。

2. 压电陶瓷

1) 压电机理

压电陶瓷是一种经人工极化处理后的多晶体压电材料，它具有类似铁磁材料磁畴结构的电畴结构。每一个单晶形成一单个电畴，无数个单晶电畴无规则地排列。图 2 - 2 - 4(a) 给出了钛酸钡压电陶瓷未极化时的电畴分布情况，这时压电陶瓷不具有压电性。为了使压电陶瓷具有压电效应，需做极化处理，即在一定温度(100℃ ~170℃)下，对两个镀银电极的极化面加上高压电场。此时电畴的极化方向发生转动，趋向于按外电场方向排列，从而使材料得到极化，如图 2 - 2 - 4(b) 所示。极化处理后，陶瓷材料内部仍存在有很强的剩余极化强度，如图 2 - 2 - 4(c) 所示，当压电陶瓷受外力作用时，其表面也能产生电荷，压电陶瓷就呈现出压电效应。

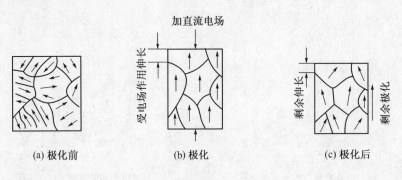

(a) 极化前　　　　　　(b) 极化　　　　　　(c) 极化后

图 2 − 2 − 4　钛酸钡压电陶瓷的极化

2）压电陶瓷的特点

经过极化的压电陶瓷具有很高的压电系数,且灵敏度高。压电陶瓷制造工艺成熟,可通过合理配方和掺杂等人工控制来达到所要求的件能。同时,其成形工艺件好,成本低廉,利于广泛应用,目前,国内外生产的压电元件绝大部分采用压电陶瓷。压电陶瓷除有压电性外,还具有热释电件,因此它可制作热电传感器件而用于红外探测器中。作压电器件应用时,会给压电传感器造成热干扰,降低稳定性,所以,对于高稳定性的传感器,压电陶瓷的应用受到限制。

3）压电陶瓷的常用材料

常用的压电陶瓷材料主要有以下几种:

(1) 钛酸钡($BaTiO_3$):钛酸钡具有较高的压电常数($d_{33} = 190 \times 10^{-12} C/N$)和相对介电常数($1000 \sim 5000$),但是它的居里点较低(约 $120℃$),机械强度低于石英晶体。

(2) 锆钛酸铅压电陶瓷(PZT):锆钛酸铅压电陶瓷是由钛酸铅和铅酸铅组成的固熔体,它有较高的压电常数(($200 \sim 500$) $\times 10^{-12} C/N$),是目前经常采用的一种压电材料。在上述材料中加入微量的镧、铌或锑等,可以得到不同性能的 PZT 材料。PZT 是工业中应用较多的压电陶瓷。

(3) 铌镁酸铅压电陶瓷(PMN):铌镁酸铅压电陶瓷具有较高的压电常数(($800 \sim 900$) $\times 10^{-12} C/N$)和居里点($260℃$),它能承受 $7 \times 10^7 Pa$ 的压力,因此可作为高压下的力传感器。

3. 新型压电材料

1）压电半导体

1968 年以来出观了多种压电半导体,如硫化锌(ZnS)、碲化镉(CdTe)、氧化锌(ZnO)、硫化镉(CdS)、碲化锌(ZnTe)和砷化镓(GaAs)等。这些材料的显著特点是:既具有压电特性,又具有半导体特性。因此既可用其压电性研制传感器,又可用其半导体特性制作电子器件;也可以两者结合,集元件与电路于一体,研制成新型集成压电传感器系统。

2）高分子压电材料

高分子压电材料是近年来发展很快的一种新型材料。典型的高分子压电材料有聚偏二氟乙烯(PVF_2 或 PVDF)、聚氟乙烯(PVF)、聚氯乙烯(PVC)等,其中以 PVF_2 压电常数最高。

高分子压电材料是一种柔软的压电材料,极化后显示出压电特性。它不易破碎,具有防水性,可以大量生产并可制成较大面积或尺寸的成品,因此价格也较为便宜。这些优点是其他压电材料所不具备的,因此,在一些不要求测量精度的传感器中有广泛应用,如水声测量,防盗、振动测量等领域。另外,它与空气的声阻抗匹配具有独特的优越性,所以,它是很有发展潜力的新型电声材料。

高分子压电材料的工作温度一般低于 $100℃$，温度升高时，其灵敏度也下降。它的机械强度不够高,耐紫外线能力较差,不宜暴晒,以防老化。

三、压电式传感器的测量转换电路

1. 压电元件的等效电路

当压电元件受力时,在两电极表面会聚集等量且极性相反的电荷,因此可以把它看成是一个电荷发生器。由电工学可知,在压电元件上下表面聚集电荷,中间为绝缘介质,便形成了一个电容器,其电容量为

$$C_a = \frac{\varepsilon_r \varepsilon_0 A}{\delta} \qquad\qquad (2-2-2)$$

式中 A——压电元件电极面的面积;

ε_r——压电材料的相对介电常数;

ε_0——真空介电常数;

δ——压电元件的厚度。

由于电容器上有电压,它又可以看成一个电压源电容器。因此,压电元件的等效电路可以有两种形式:一种是等效为一个电荷源 Q 和一个电容 C_a 的并联电路,如图 $2-2-5(a)$ 所示;另一种是等效为一个电压源 U_a 和一个电容 C_a 的串联电路,如图 $2-2-5(b)$ 所示。三者的关系为

$$U_a = \frac{Q}{C_a} \qquad\qquad (2-2-3)$$

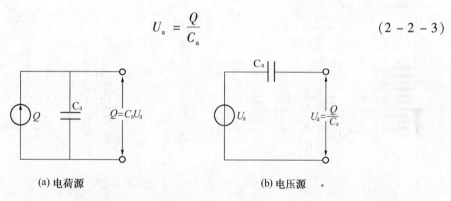

(a) 电荷源　　　　　　　　　　　　(b) 电压源

图 $2-2-5$　压电元件等效电路

必须指出,上述等效电路只有在压电元件本身理想绝缘、无泄漏、输出端开路的条件下才成立。在构成实际传感器时,总要利用电缆将压电元件接入测量电路或仪器中。这样,就引入了电缆的分布电容 C_c、测量放大器的输入电阻 R_i 和电容 C_i 等形成的负载阻抗影响。加之考虑压电元件并非理想元件,它内部存在泄漏电阻 R_a,则由压电元件构成传感器的实际等效电路如图 $2-2-6$ 所示。

由于压电材料泄漏电阻 R_a 的存在,压电元件的电荷不可能长久保存,只有外力以较高频率不断作用,传感器的电荷才能得以补充,因此,压电式传感器不适用于静态测量,只适用于动态测量。

2. 测量转换电路

压电式传感器的输出信号非常微弱,一般需将电信号放大后才能检测出来。同时,压电式传感器的内阻极高,难以和一般的放大器直接连接使用,而需要进行前置阻抗变换。

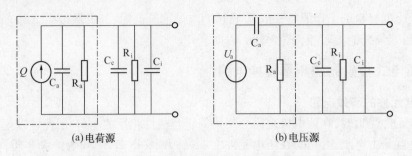

(a)电荷源　　　　　　　　(b)电压源

图2-2-6　实际连接中的压电传感器等效电路

由压电式传感器的工作原理和等效电路可知,它可以是电荷信号输出,也可以是电压信号输出。因此,压电式传感器的测量转换电路——前置放大器,对应于电荷源和电压源,有电荷放大器和电压前置放大器两种形式。前置放大器需具备信号放大和阻抗匹配两种功能。

1)电压放大器

电压放大器的作用是将压电式传感器的高输出阻抗经放大器变换成低阻抗输出,并将微弱的电压信号进行适当放大,因此,也把这种测量转换电路称为阻抗变换器。图2-2-7(a)给出了压电式传感器接到电压放大器的等效电路,图2-2-7(b)是其等效简化电路。

图2-2-7(b)中,等效电路 R 和等校电容各为

$$R = \frac{R_a R_i}{R_a + R_i},$$

$$C = C_c + C_i$$

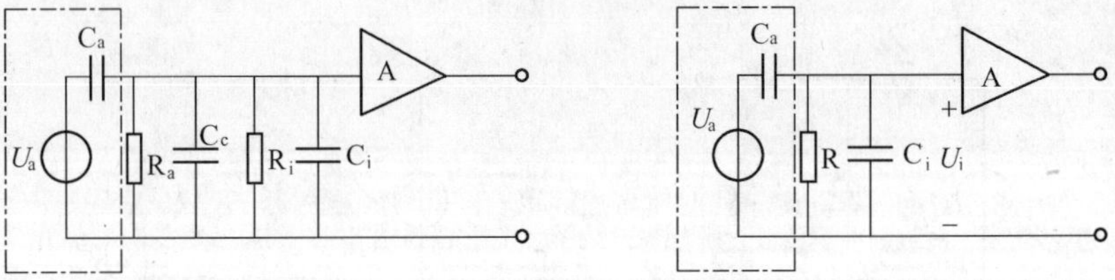

图2-2-7　电压放大器等效电路

一般情况下,这种连接电压放大器的压电式传感器的灵敏度可以表示为

$$K = \frac{d}{C_c + C_a + C_i} \tag{2-2-4}$$

其中,d 为压电系数。式(2-2-4)表明灵敏度与电缆的分布电容 C_c,放大器的输入电容 C_i 成反比,而它们均为变数。因此,当传感器及电压放大器一经校正,仪器便不能更换,电缆长度不能改变,否则将导致灵敏度的变化,从而影响测量结果。由于上述原因,目前多采用性能稳定的电荷放大器作为转换电路。

2)电荷放大器

电荷放大器是一种输出电压与输入电荷量成正比的前置放大器(电荷/电压转换器)。压电元件等效为一个电容和一个电荷源并联的形式,而电荷放大器实际上是一个具有深度电容负反馈的高增益运算放大器,其等效电路如图2-2-8所示。

电荷放大器的输出电压与输入电荷量的关系为

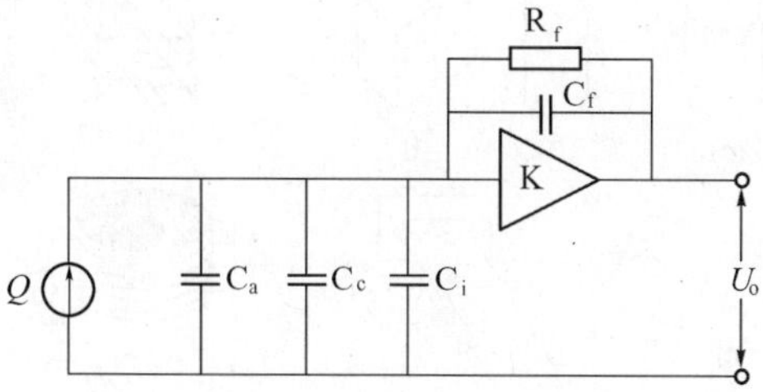

图 2 - 2 - 8　电荷放大器等效电路

$$U_o = \frac{-KQ}{C_a + C_c + C_i + (1 + K)C_f} \qquad (2 - 2 - 5)$$

由于 K 值很大，因此有 $(1 + K)C_f \gg C_a + C_c + C_i$，式 $(2 - 2 - 5)$ 可简化为

$$U_o \approx -\frac{Q}{C_f} \qquad (2 - 2 - 6)$$

这样，电荷放大器的输出电压只与压电元件产生的电荷以及反馈电容有关，而与连接电路的分布电容无关。这是电荷放大器的一个突出优点，它为远距离测试提供了方便。

■ 知识运用

一、压电传感器的选择

1. 应用类型选择

广义地讲，凡是利用压电材料各种物理效应构成的种类繁多的传感器，都可称为压电式传感器，表 2 - 2 - 1 列出了它们的主要应用类型。其中，目前应用最多的还是力敏类型。

表 2 - 2 - 1　压电传感器的主要应用类型

传感器类型	转换方式	用途	压电材料
热敏	热→电	温度计	$BaTiO_3$，PZO，$LiTiO_3$，$PbTiO_3$
力敏	力→电	微音器，拾音器，声纳，气体点火器，血压计，压电陀螺，压力和加速度传感器	石英，罗思盐，ZnO，$BaTiO_3$，PZT，PMS
光敏	光→电	热电红外探测器	$LiTaO_3$，$PbTiO_3$
声敏	声→电 声→压	振动器，微音器，超声探测器，助听器	石英，压电陶瓷
	声→光	声光效应器件	$PbMoO_4$，$PbTiO_3$，$LiNbO_3$

2. 结构形式选择

根据压电传感器的应用需要和设计要求，以某种切型从压电材料切得的晶片（压电元件），其极化面经过镀覆金属（银）层或加金属薄片后形成电极，这样就构成了可供选用的压电器件。压电元件的结构形式很多，如图 2 - 2 - 9 所示。

压电元件按结构形状分，有圆形、长方形、环形、柱状和球壳状等；按元件数目分，有单晶片、双晶片和多晶片；按极性连接方式分，有串联（图 2 - 2 - 9(g)、(1)）或并联（图 2 - 2 - 9

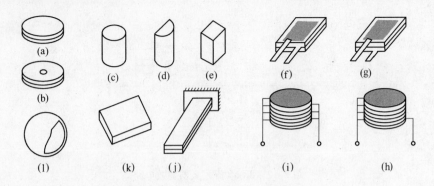

图 2-2-9　压电元件的结构形式

（f）、（k））。为提高压电输出灵敏度，通常多采用双晶片（有时也采用多晶片）串、并联组合方式，其特性如表 2-2-2 所列。

表 2-2-2　压电元件串并联组合特性

连接方式	特点	说明	备注
并联	电压相等 $U_\Sigma = U_i$ 电容相加 $C_\Sigma = nC_i$ 电荷相加 $Q_\Sigma = nQ_i$	传感器时间常数增大，电荷灵敏度增大，适用于电荷输出、低频信号测量的场合	如图 2-2-9（k）所示，每两片晶层中间夹垫金属片作电极，引出导线
串联	电荷相等 $Q_\Sigma = Q_i$ 电压相加 $U_\Sigma = nU_i$ 电容减小 $C_\Sigma = C_i/n$	传感器时间常数减小，电压灵敏度增大，适用于高频信号测量、回路高输入阻抗及电压输出场合	如图 2-2-9（l）所示，晶片之间用导电胶粘贴，端面用金属垫片引出导线

二、压电式传感器实现振动的检测

1. 振动及检测

振动指的是物体围绕平衡位置做往复运动。从振动对象来分，振动有机械振动（如机床电机、泵风机等运行时的振动）、土木结构振动（房屋、桥梁等的振动）、运输工具振动（汽车、飞机等的振动）以及武器、爆炸引起的冲击振动等。从振动的频率范围来分，振动有高频振动、低频振动和超低频振动等。

测振用的传感器又称拾振器，有接触式和非接触式之分。接触式中有磁电式、电感式、压电式等几种；非接触式中又有电涡流式、电容式、霍耳式，光电式等几种。振动测量主要是研究各种振动的特征、变化规律以及分析产生振动的原因，从而找到解决问题的方法。

物体振动一次所需的时间称为周期，用 T 表示，单位是 s。每秒振动的次数称频率，用 f 表示，单位为 Hz。频率是分析振动的最重要内容之一。振动物体偏离平衡位置的最大距离称为振幅，用 x 表示，单位为 mm。振动的速度用 v 表示，单位为 m/s；加速度用 a 表示，单位为 m/s^2。

2. 压电式振动加速度传感器

一种典型的压电式振动加速度传感器的结构和原理图如图 2-2-10 所示。相对于其他加速度传感器，它的优点是体积小、刚度大、高频响应特性好，应用十分广泛。当传感器与被测振动加速度的机件紧固在一起后，传感器受机械运动的振动加速度作用，压电晶片受到质量块惯性引起的压力,其方向与振动加速度方向相反,大小由 $F = ma$ 决定。惯性引起的压力作用在压电晶片上产生电荷。电荷由引出电极输出,由此将振动加速度转换成电参量。弹簧是给压电晶片施加预紧力的。预紧力的大小基本不影响输出电荷的大小,若预紧力不够,而加速度又较大时,质量块将与压电晶片敲击碰撞;预紧力也不能太大,否则,又会引起压电晶片的非线性误差。常用的压电式加速度传感器的结构多种多样,这种结构有较高的固有振动频率,可用于较高频率的测量(几千赫至几十千赫),它是目前应用较多的一种形式。

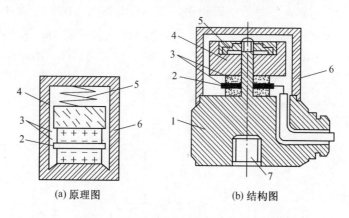

(a) 原理图　　　　　　　　(b) 结构图

图 2 - 2 - 10　压电式振动加速度传感器

1—基底;2—引出电极;3—压电晶片;4—质量块;5—弹簧;6—壳体;7—固定螺孔。

增加质量块的质量可以提高传感器的灵敏度,但是也增加了传感器的重量,会给试件的测量带来影响。因此,通常不采取增加质量块质量的办法来提高灵敏度,而是通过选择压电系数较大的压电元件来实现,或通过增加压电片的数目来实现。

3. 高分子压电材料振动报警装置

1) 玻璃破碎报警器

在利用玻璃制品保护文物、贵重物品等场合,玻璃破碎报警器得到了广泛的应用。玻璃在破碎时会发出几千赫甚至超声波(高于 20kHz)的振动,将高分子压电薄膜粘贴在玻璃上可以感受到这一振动。

高分子压电薄膜由聚偏二氟乙烯(PVDF)制成,在正反两面喷涂二氧化锡导电电极,并用保护膜覆盖。在玻璃打碎瞬间,压电薄膜感受到剧烈振动,表面产生电荷,在两个输出电极引脚间产生窄脉冲电压。脉冲电压信号经过放大后,由电缆输送到集中报警系统,产生报警信号。

由于感应片很小且透明,不易察觉,所以,在进行贵重物品玻璃展柜保护时不影响美观。

2) 周界报警系统

周界报警系统又称线控报警系统,警戒的是一条边界包围的重要区域。当入侵者进入防范区之内时,系统就会发出报警信号。

在利用高分子压电电缆进行周界报警时,需在警戒区域的四周埋设多根以高分子压电材料为绝缘物的单芯屏蔽电缆。屏蔽层接大地,它与电缆芯线之间以 PVDF 为介质而构成分布电容。当入侵者踩到电缆上面的柔性地面时,该压电电缆受到挤压,产生压电脉冲,引起报警。通过编码电路,还可以判断入侵者的大致方向。压电电缆可达数百米,可用在警戒较大的区域,不受电、光、雾、雨水影响,费用也比微波等方法便宜。

三、声振动感知电子狗的制作

用声振动传感器制作的电子狗,利用土层传感,将人走动时的脚对地面接触摩擦声、振动声经高灵敏度接收放大,触发模拟狗叫声的集成电路出声。不管白天黑夜,它能忠实地为你看家守舍。如果需要白天黑夜不同工作状态,可以通过光敏电阻实现光控。

1. 工作原理

图 2 – 2 – 11 所示的是声振动传感器制作的电子狗电路图。HTD$_1$ ~ HTD$_N$ 置于地下组成声振动传感器,检测地面传来的声振动信号。当有人在距离传感器 1m 左右走动时,脚踏地面的振动信号经地面传到 HTD$_1$ ~ HTD$_N$,经 VT$_1$、IC$_1$ 接收、放大,经 VD$_1$、VD$_2$、C$_5$ 倍压整流滤波,滤波后的直流电压加到 VT$_2$ 基极,使 VT$_2$ 导通,触发单稳态电路翻转进入暂稳态,IC$_2$③脚由低电平变为高电平,经 R$_6$ 限流。VD$_W$ 稳压的 4.5V 供 IC$_3$ 工作,IC$_3$ O/P 端输出狗叫声经 C$_7$ 耦合到 IC$_4$ 进一步放大,扬声器 Y 发出响亮的狗叫声。

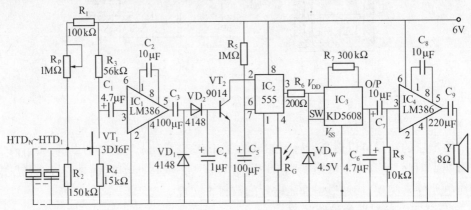

图 2 – 2 – 11　声振动传感器制作的电子狗电路图

暂稳态时间 $t = 1.1R_5C_5 \approx 120s$,暂稳态过后,IC$_2$③脚输出为低电平,IC$_3$ 停止工作,扬声器不再有狗叫输出。如果来人 120s 后仍未离开监测区域,并且不停走动,则狗叫声始终不停,直至来人离开监测范围,保持宁静 120s 后,狗叫声才停止。此外,为方便使用,设置了光控电路,以保证白天不让其出声,夜晚恢复工作。这个光控电路可以根据实际情况取舍,不用时,去掉 R$_G$ 光敏电阻。

2. 元件选择

(1) IC$_1$ 选用音频功放 LM386 集成片;IC$_2$ 选用 555 时基集成电路;IC$_3$ 选用模拟狗叫声集成电路 KD5608,其芯片封装有多种形式,使用时按照厂家提供的标准图纸连接线路。

(2) HTD$_1$、HTD$_N$ 为压电陶瓷片,选用 ϕ27mm 或者 ϕ35mm 均可,本电路可用 10 只 ϕ27mm 进行并联。

(3) VT$_1$ 为结型场效应晶体管,选用放大能力大一点的 3DJ6F;VT$_2$ 选用 9014 晶体三极管。

(4) 扬声器 Y 选用口径大、发声响亮,但体积较小的器件。

(5) 其他元件如电路图标示,无特殊要求。

3. 制作与调试

电子狗制作的关键是对声振动传感探头 HTD$_1$ ~ HTD$_N$ 的安装。由于本电路设计主要考虑到应用于农村,所以,HTD 选用了 10 只,以每 5 只一组并联,每只之间间隔 1m,用屏蔽线连接,屏蔽层接地(指电路地)。每只 HTD 均用质地较好的塑料薄膜包封,密封要严,不能有丝毫的漏透水现象,以免损坏 HTD,影响使用寿命。做好的 HTD 埋于地下 10cm 深处,埋好后即可通电测试。一个人在任一只 HTD 前 1m 左右地方走动,调节 R_P 使扬声器发出狗叫声,此时灵敏度最高,固定 R_P 不动,至此调试结束。另外,R_7 的值关系到狗叫的声频,应注意调制。制作好的电子狗可固定在院内任意地方。

■ 知识拓展

一、压电式单向测力传感器

图 2-2-12 是压电式单向测力传感器的结构图,这种传感器主要用于频率变化不太高的动态力的测量,如机床动态切削力的测试。它主要由石英晶片、绝缘套、电极、上盖和基座等组成。传感器的上盖为传力元件。它的外缘壁厚为 0.1mm ~ 0.5mm,当外力作用时,它将产生弹性形变,将力传递到石英晶片上。晶片受力产生电荷,通过电极引出。电荷量和所受的动态力成正比,因此只要用电荷放大器测出电荷 ΔQ,便可测知 ΔF。

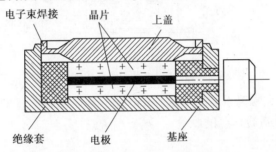

图 2-2-12 压电式单向测力传感器结构图

该传感器基座内外底面对其中心线的垂直度有严格要求,同时对其上盖以及晶片、电极的上下底面的平行度与表面光洁度都有严格的要求,否则会使横向灵敏度增加或使片子因应力集中而过早破碎。为提高绝缘阻抗,传感器部件经多次净化后在超净环境下装配,加盖之后用电子束封焊。

在用单向测力传感器进行刀具切削力测量时,将车刀紧压在传感器上,压电晶片在紧压的瞬间会产生很大的电荷,但几秒钟后,电荷就通过电路的泄漏电阻中和掉了。切削过程中,车刀在切削力作用下,上下剧烈颤动,将脉动力传给单向测力传感器,传感器的电荷量经过电荷放大器转为电压,再由记录仪记录下切削力的变化情况。

二、压电式压力传感器

压电式压力传感器主要由石英晶体片、膜片、薄壁管、外壳等组成,如图 2-2-13 所示。石英晶体片由多片叠放在薄壁管内,并由拉紧的薄壁管对石英晶体片施加预载力。感受到外部压力的是位于外壳和薄壁管之间的膜片,它由挠性很好的材料制成。

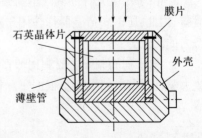

图 2-2-13 压电式压力传感器结构图

三、高分子材料压电传感器

自高分子材料聚偏氟乙烯（PVDF）的压电特性自被发现以来，高分子薄膜作为压电材料就开始广泛用于传感器上。采用高分子压电材料制成的传感器具有压电系数大、频率响应宽、机械强度好、重量轻、耐冲击等特点。目前，采用高分子材料制成的压力传感器已在一些领域得到应用，称重范围从几克到数百公斤，精度达万分之一。高分子压电薄膜可以制成机器人的触觉敏感元件，这种触觉敏感元件具有和人手同样的敏感压力、方向、振动和外形的特性。

图 2 - 2 - 14 所示的是一种聚偏氟乙烯声压传感器，这种传感器实际是将压电薄膜和氧化物半导体场效应管组合在一起的集成器件。当入射的声波作用到 PVDF 薄膜上时，薄膜由于压电效应产生的电荷直接出现在场效应管的栅极上，引起场效应管沟道电流的变化，将声能转换为电能的输出。

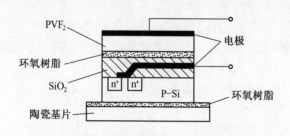

图 2 - 2 - 14　PVDF 薄膜声压传感器结构图

PVDF 材料的频响在常温下最高可达 500MHz，其声学阻抗为 $4 \times 10^7 \mathrm{N/m^2 s}$，因此用 PVDF 薄膜制成的传感器特别适合声压的测量。

▌知识总结

1. 压电式传感器是一种自发电式传感器，它是利用压电材料的压电效应实现检测的。具有压电效应的压电材料主要有天然压电晶体、人工压电陶瓷以及新型压电材料等几种类型。

2. 压电元件的等效电路有电荷源等效电路和电压源等效电路两种。与此对应，压电式传感器的测量转换电路有电荷放大器和电压放大器两种。由于电荷放大器的输出电压仅和电荷量和反馈电容有关，而与电缆电容无关，所以，实际测量中电荷放大器作为测量转换电路更为方便。

3. 由于压电元件的输出电荷量和作用在其上的外力成正比关系，并且电荷量很小，容易泄露，因此，压电式传感器往往用于对变化的动态力、振动、变化加速度的测量，而不能用于静态力的测量。

4. 电子狗的制作主要利用埋在地面下的压电陶瓷片检测靠近人的脚步声振动信号，通过放大驱动报警电路发声。根据实际情况，可以通过光敏电阻调节白天黑夜的不同工作状态。

▌学习评价

本学习情境评价根据知识的学习和项目工作的完成情况进行考核评价，注重过程的考核。

根据学习情境中各项任务完成的主体不同,分别对个人和小组进行考核评价。学习评价表如表2-2-3所列。

表 2-2-3　学习情境 2.2 考核评价表

组　别		第一组			第二组			第三组		
项目任务	分值	学生A	学生B	学生C	学生D	学生E	学生F	学生G	学生H	学生I
压电式传感器原理的学习	10									
测量转换电路的学习	10									
压电材料的识别与选择	15									
压电式传感器对振动的测量	15									
振动感知电子狗的制作	20									
学习报告书	15									
团队合作能力	15									

思考题

1. 什么是压电效应? 常见的压电材料有哪几种?

2. 压电式传感器能否用于静态力的测量? 为什么?

3. 压电式传感器中采用电荷放大器有何优点?

4. 用压电式加速度计及电荷放大器测量振动加速度,若传感器的灵敏度为 70pC/g(g 为重力加速度),电荷放大器灵敏度为 10mV/pC,试确定输入 3g(平均值)加速度时,电荷放大器的输出电压 $\overline{U}_{o}$(平均值,不考虑正负号),并计算此时该电荷放大器的反馈电容 C_{f}。

5. 用压电式单向测力传感器测量一正弦变化的力,压电元件用两片压电陶瓷并联,压电常数为 200×10^{-12}C/N,电荷放大器的反馈电容 $C_{f} = 2000$pF,测得输出电压 $u_{o} = 5\sin\omega t$(V)。求:

(1) 该压电传感器产生的总电荷 Q(峰值)为多少?

(2) 此时作用在其上的正弦脉动力(瞬时值)为多少?

3 学习情境 3：温度的检测

学习子情境 3.1：燃气热水器的火焰监测

■ 情境介绍

温度是基本物理量之一，是表征物体冷热程度的物理参数，它是工农业生产和科学实验中需要经常测量和控制的主要参数，也是与人们日常生活紧密相关的一个重要物理量。温度是不能直接测量的，需要借助于某种物体的某种物理参数随温度冷热不同而明显变化的特性进行间接测量。温度传感器是实现温度测量和控制的重要器件。在种类繁多的传感器中，温度传感器是应用最广泛、发展最快的传感器之一。

温度的测量方法通常分为两大类，即接触式测温和非接触式测温。接触式测温是基于热平衡原理。测温时，感温元件与被测介质直接接触，当达到热平衡时，获得被测物体的温度，如热电偶、热电阻、膨胀式温度计等。非接触式测温是基于热辐射原理或者电磁原理。测温时，感温元件不直接与被测介质接触，通过辐射实现热交换，达到测量的目的，如红外测温仪、光学高温计等。

常用的测温传感器有热电偶传感器、热电阻传感器、半导体温度传感器等。在选择温度传感器时应考虑几个因素：温度测量范围、精度、响应时间、稳定性、线性度和灵敏度等。在工业生产中应用最多的是热电偶温度传感器。本学习情境在介绍热电偶测温原理的基础上，通过利用热电偶实现对燃气热水器火焰的监测，进一步掌握热电偶的性能、特点及使用方法。

■ 学习要点

1. 理解热电偶传感器测温的工作原理；
2. 熟悉热电偶的结构、类型以及各种型号热电偶的特性；
3. 掌握热电偶测温冷端温度补偿原理及常用补偿方法；
4. 掌握常见的热电偶测温线路；
5. 了解热电偶传感器的典型应用。

■ 知识点拨

热电偶是将温度信号转换为电信号输出的热电动势传感器，是目前温度测量中使用最普遍的传感元件之一。热电偶具有结构简单、测量范围宽（−180℃~2800℃）、准确度高、热惯性小、响应速度快、输出信号为电信号、便于远传或信号转换等优点。热电偶还能用来测量流体、固体以及固体壁面的温度。微型热电偶还可以用于对快速及动态温度的测量，因此，热电偶在温度检测中占有重要的地位。

一、热电偶的工作原理

1. 热电效应

热电偶的测温原理是基于热电效应。

两种不同材料的导体 A 和 B 组成一个闭合回路时，如图 3-1-1 所示。若两接点温度不同，则在该电路中会产生电动势，这种现象称为热电效应，该电动势称为热电动势。

通常把这两种不同材料导体的组合称为热电偶，组成热电偶的导体 A 和 B 称为热电极。两个接点中，温度高的一端为热端，又称工作端，测温时它被置于被测介质（温度场）中；另一端为冷端，又称自由端或参考端，它通过导线与显示仪表或测量电路相连。热电偶测温示意图如图 3-1-2 所示。

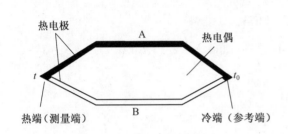

图 3-1-1　热电偶测温原理图　　　　图 3-1-2　热电偶测温示意图

热电动势是由两种导体的接触电势（珀尔贴电势）和单一导体的温差电势（汤姆逊电势）所组成。热电动势的大小与两种导体材料的性质及接点温度有关。

1）接触电势

接触电势是由于两种不同导体的自由电子密度不同而在接触处形成的电动势。不同导体内部的电子密度是不同的，当两种电子密度不同的导体 A 与 B 接触时，接触面上就会发生电子扩散，电子从电子密度高的导体流向密度低的导体。电子扩散的速率与两导体的电子密度有关并和接触区的温度成正比。设导体 A 和 B 的自由电子密度为 N_A 和 N_B，且 $N_A > N_B$，电子扩散的结果使导体 A 失去电子而带正电，导体 B 则获得电子而带负电，在接触面形成电场。这个电场阻碍了电子的扩散，达到动平衡时，在接触区形成一个稳定的电位差，即接触电势。其大小为

$$e_{AB} = (kt/e)\ln(N_A/N_B) \tag{3-1-1}$$

式中　k——玻耳兹曼常数，$k = 1.38 \times 10^{-23} \text{J/K}$；

e——电子电荷量，$e = 1.6 \times 10^{-19} \text{C}$；

t——接触处的温度；

N_A, N_B——分别为导体 A 和 B 的自由电子密度。

2）温差电势

温差电势是同一导体的两端因其温度不同而产生的一种电动势。因导体两端温度不同而产生的电动势称为温差电势。由于温度梯度的存在，因此改变了电子的能量分布。高温端（t）电子将向低温端（t_0）扩散，致使高温端因失去电子带正电，低温端因获电子而带负电。因而在同一导体两端也产生电位差，并阻止电子从高温端向低温端扩散，于是电子扩散形成动平衡，

此时所建立的电位差称为温差电势即汤姆逊电势,它与温度的关系为

$$e = \int_{t_0}^{t} \sigma \mathrm{d}t \qquad (3-1-2)$$

其中,σ 为汤姆逊系数,表示温差 1℃所产生的电动势值,它与材料的性质有关。

综上所述,热电极 A、B 组成的热电偶回路,当两端接点温度不同时($t > t_0$),回路中产生的热电势等于上述电位差的代数和,如图 3-1-3 所示。

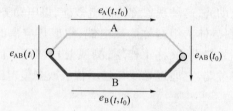

图 3-1-3　热电偶回路的总热电势

$$E_{AB}(t,t_0) = e_{AB}(t) + e_B(t,t_0) - e_{AB}(t_0) - e_A(t,t_0) \qquad (3-1-3)$$

式中　$E_{AB}(t,t_0)$——热电偶电路的总热电势;

　　　$e_{AB}(t)$——热端的接触电势;

　　　$e_B(t,t_0)$——导体 B 的温差电势;

　　　$e_{AB}(t_0)$——冷端接触电势;

　　　$e_A(t,t_0)$——导体 A 的温差电势。

由此可得出如下结论:

(1) 如果热电偶两电极材料相同,即 $N_A = N_B$,$\sigma_A = \sigma_B$,那么两端温度不同时,热电偶回路的总热电势 $E_{AB}(t,t_0)$ 为零,因此,热电偶必须采用两种不同的材料作为电极。

(2) 如果热电偶两端温度相同,即 $t = t_0$,尽管导体材料不同,热电偶回路的总热电势 $E_{AB}(t,t_0)$ 也为零,因此,热电偶的热端和冷端必须具有不同的温度。

(3) 当热电偶两个电极材料确定后,热电偶回路的总热电势 $E_{AB}(t,t_0)$ 为两接点温度 t 和 t_0 的函数。

在总热电势中,温差电势比接触电势小很多,可忽略不计,则热电偶的总热电势可表示为

$$E_{AB}(t,t_0) = e_{AB}(t) - e_{AB}(t_0) \qquad (3-1-4)$$

对于已选定的热电偶,当参考温度 t_0 恒定时,$e_{AB}(t_0) = C$(为常数),总热电势就变成工作端温度 t 的单值函数,即

$$E_{AB}(t,t_0) = e_{AB}(t) - C = f(t) \qquad (3-1-5)$$

热电势 $E_{AB}(t,t_0)$ 与被测温度 t 有单值对应关系。式(3-1-5)就是热电偶测温的基本公式。如果热电偶已确定,t_0 为给定常数,热电偶的热电势可以通过实验测得,那么利用此公式可以确定被测温度 t 值。

在实际应用中,被测温度值不是由测得的热电势通过公式计算得到的,而是通过查热电偶分度表的方法来确定。分度表是参考端温度为 0℃时,通过实验建立起来的热电势与工作端温度之间的数值对应关系。热电偶分度表见附录 D。

2. 热电偶的基本定律

用热电偶测温,还要掌握热电偶的基本定律。下面引述几个常用的热电偶定律。

1）中间导体定律

在热电偶回路中接入第三种的导体，只要其两端的温度相等，该导体的接入就不会影响热电偶回路的总热电动势，这就是中间导体定律。

接入第三种导体 C 的热电偶回路如图 3-1-4 所示。由于温差电势可忽略不计，则回路中总热电势等于各接点的接触电势之和，即

$$E_{ABC}(t,t_0) = e_{AB}(t) + e_{BC}(t_0) + e_{CA}(t_0) \tag{3-1-6}$$

当 $t = t_0$ 时，有

$$e_{AB}(t_0) + e_{BC}(t_0) + e_{CA}(t_0) = 0 \tag{3-1-7}$$

即

$$e_{BC}(t_0) + e_{CA}(t_0) = -e_{AB}(t_0) \tag{3-1-8}$$

将式(3-1-8)代入式(3-1-6)得

$$E_{ABC}(t,t_0) = e_{AB}(t) - e_{AB}(t_0) \tag{3-1-9}$$

由此可见，总的热电势与导体 C 无关。同理，热电偶回路中接入多种导体后，只要保证接入的每种导体的两端温度相同，就对热电偶的热电势没有影响。

利用热电偶进行测温时，必须在回路中引入连接导线和仪表，连接导线和仪表均可看成是中间导体，只要保证中间导体两端的温度相同，就对热电偶的热电势没有影响。因此，利用此定律，可以采取任何方式焊接导线。可以将毫伏表（一般为铜线）接入热电偶回路，也可通过导线将热电偶回路接至测量仪表对热电势进行测量，且不影响测量精度。连接仪表的热电偶测温回路如图 3-1-5 所示。

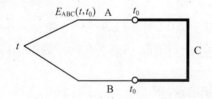

图 3-1-4　接入第三种导体的热电偶回路　　图 3-1-5　连接仪表的热电偶测温回路

2）中间温度定律

在热电偶测温回路中，t_C 为热电极上某一点的温度，热电偶 AB 在接点温度为 t、t_0 时的热电势 $e_{AB}(t,t_0)$ 等于热电偶 AB 在接点温度为 t、t_C 和 t_C、t_0 时的热电势 $e_{AB}(t,t_C)$ 和 $e_{AB}(t_C,t_0)$ 的代数和，即

$$e_{AB}(t,t_0) = e_{AB}(t,t_C) + e_{AB}(t_C,t_0) \tag{3-1-10}$$

利用该定律，只要给出自由端0℃时的热电势和温度关系，就可求出冷端为任意温度 t_C 的热电偶的热电势。它是制定热电偶分度表的理论基础。在实际热电偶测温回路中，利用这一定律，可对参考端温度不为0℃的热电势进行修正。另外，可以选用廉价的热电偶 A′、B′代替 t_C 到 t_0 段的热电偶 A、B。只要在 t_C、t_0 温度范围内 A′、B′与 A、B 热电偶具有相近的热电势特性，如图 3-1-6 所示，可将热电偶冷端延伸到温度恒定的地方，为热电偶测温回路中应用补偿导线提供了理论依据。

3）参考电极定律

如图 3-1-7 所示，已知热电极 A、B 与参考电极 C 组成的热电偶在接点温度为 (t,t_0) 时

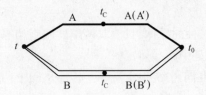

图 3 - 1 - 6　中间温度定律

的热电动势分别为 $e_{AC}(t,t_0)$、$e_{BC}(t,t_0)$,则相同温度下,由 A、B 两种热电极配对后的热电动势 E_{AB} 为

$$E_{AB}(t,t_0) = e_{AC}(t,t_0) - e_{BC}(t,t_0) \qquad (3-1-11)$$

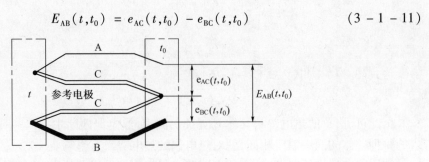

图 3 - 1 - 7　参考电极定律示意图

　　参考电极定律大大简化了热电偶选配电极的工作。在实际测温中,只要获得有关热电极与参考电极配对的热电势,那么任何两种电极配对后的热电势均可利用该定理计算,而不需要逐个进行测定。由于纯铂丝的物理化学性能稳定、熔点较高、易提纯,所以,目前常用纯铂丝作为参考电极。

　　【例】已知铂铑$_{30}$—铂热电偶的热电动势 $E(1084.5℃,0℃) = 13.937mV$,铂铑$_6$—铂热电偶的热电动势 $E(1084.5℃,0℃) = 8.354mV$,求:铂铑$_{30}$—铂铑$_6$ 热电偶在同样温度条件下的热电动势。

　　解:设 A 为铂铑$_{30}$电极,B 为铂铑$_6$ 电极,C 为纯铂电极,则

$$E_{AB}(1084.5℃,0℃)$$

$$= e_{AC}(1084.5℃,0℃) - e_{BC}(1084.5℃,0℃)$$

$$= 5.583mV$$

二、热电偶的种类和结构

1. 热电偶的材料

　　从理论上讲,任何两种不同材料导体都可以组成热电偶,但是选用不同的材料会影响测温的范围、灵敏度、精度和稳定性等。为了准确可靠地进行温度测量,必须对热电偶组成材料严格选择。工程上用于热电偶的材料应满足以下条件:热电势变化尽量大,热电势与温度关系尽量接近线性关系,物理、化学性能稳定,易加工,便于成批生产,有良好的互换性。

　　实际上并非所有材料都能满足上述要求。目前,国际上公认比较好的热电偶材料只有几种。国际电工委员会(IEC)向世界各国推荐八种标准化热电偶,如表3 - 1 - 1所列。表3 - 1 - 1所列热电偶中,写在前面的热电极为正极,写在后面的为负极。标准化热电偶,就是它已被列入工业标准化文件中,具有统一的分度表。目前,工业上常用的四种标准化热

电偶材料为铂铑$_{30}$—铂铑$_6$（B 型）、铂铑$_{10}$—铂（S 型）、镍铬—镍硅（K 型）、镍铬—铜镍（我国通常称为镍铬—康铜）（E 型）。本书列出了工业中常用的四种标准化热电偶的分度表,见附录 D。

表 3 - 1 - 1 八种标准化热电偶特性表

名称	分度表	测温范围/℃	特　点	正负性识别
铂铑$_{30}$—铂铑$_6$	B	50 ~ 1800	熔点高,测温上限高,性能稳定,精度高,100℃以下热电势较小,可不必考虑冷端温度补偿;价格昂贵,热电势小,线性差;只适用于高温域的测量	正极较硬,负极较软
铂铑$_{13}$—铂	R	−40 ~ 1600	测温上限较高,精度高,性能稳定;但热电势较小,不能在金属蒸气和还原性气氛中使用,高温下连续使用时特性逐渐变坏,价格昂贵;多用于精密测量	正极较硬,负极较软
铂铑$_{10}$—铂	S	−40 ~ 1600	测温上限较高,精度高,性能稳定;但性能不如 R 型热电偶;长期以来曾经作为国际温标的法定标准热电偶	正极较硬,负极较软
镍铬—镍硅	K	−270 ~ 1300	热电势大,线性好,稳定性好,价格低廉;但材质较硬,在 1000℃ 以上长期使用会引起热电势漂移;多用于工业测量	正极不亲磁,色暗;负极稍亲磁,灰白色
镍铬—铜镍（康铜）	E	−270 ~ 1000	热电势比 K 型热电偶大 50% 左右,线性好,耐高湿度,价格低廉;但不能用于还原性气氛;多用于工业测量	正极色暗,负极银白色
铁—铜镍（康铜）	J	−40 ~ 750	价格低廉,在还原性气体中较稳定;但纯铁易被腐蚀和氧化;多用于工业测量	正极亲磁,锈色;负极不亲磁,银白色
铜—铜镍（康铜）	T	−270 ~ 400	价格低廉,加工性能好,离散性好,性能稳定,线性好,精度高;铜在高温时易被氧化,测温下限低;多用于低温域测量	正极铜色,负极银白色
镍铬硅—镍硅	N	−270 ~ 1260	是一种新型热电偶,各项性能均比 K 型热电偶好,适宜于工业测量	正极色暗,负极灰白色

注：铂铑$_{30}$表示该合金含 70% 的铂及 30% 的铑,以下类推

2. 热电偶的结构形式

为了适应不同生产对象的测温要求和条件,热电偶的结构形式有普通型热电偶、铠装热电偶和薄膜热电偶等。

1）普通型热电偶

普通型热电偶在工业上使用最多,主要用于测量气体、蒸气和液体等介质的温度。普通型热电偶一般由热电极、绝缘套管、保护管和接线盒四部分组成,其结构如图 3 - 1 - 8 所示。这类热电偶已做成标准形式,其中包括棒形、角形、锥形等。按其安装时的连接形式可分为固定法兰式、活动法兰式、固定螺纹式、焊接固定式和无专门固定等多种形式。

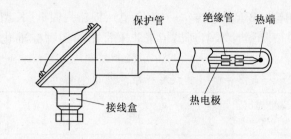

图 3 - 1 - 8　普通型热电偶的结构

2）铠装热电偶

铠装热电偶是由金属保护套管、绝缘材料和热电极三者组合成一体的特殊结构的热电偶，也称为缆式热电偶，其结构如图 3 - 1 - 9 所示。它是在薄壁金属套管（金属铠）中装入热电极，在两根热电极之间及热电极与管壁之间牢固填充无机绝缘物（MgO 或 Al_2O_3），使它们之间相互绝缘，使热电极与金属铠成为一个整体。它可以做得很细很长，而且可以弯曲。目前，生产的铠装热电偶外径为 0.25mm ~ 12mm，有多种规格。它的长短根据需要来定，最长的超过 100m。

铠装热电偶的主要优点：测量端热容量小，动态响应快，可靠性好，耐高压，耐强烈震动和冲击，可扰性好，可安装在结构复杂的装置上，因此被广泛应用在许多工业部门中。

3）薄膜热电偶

薄膜热电偶是由两种薄膜热电极材料，用真空蒸镀、化学涂层等方法把热电极材料蒸镀在绝缘基板上而制成的一种特殊热电偶，其结构如图 3 - 1 - 10 所示。薄膜热电偶的测量端既小又薄，热容量小，可用于微小面积上的温度测量；其动态响应快，适用于快速变化的动态温度测量。

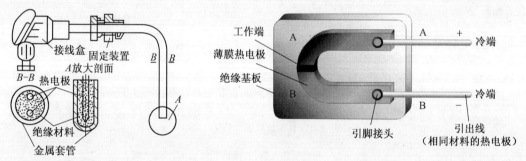

图 3 - 1 - 9　铠装热电偶的结构　　　　图 3 - 1 - 10　薄膜热电偶的结构示意图

除以上所述以外，还有专门用来测量各种固体表面温度的表面热电偶、专门为测量钢水和其他熔融金属而设计的快速热电偶等。

■ 知识运用

一、热电偶的使用

在使用热电偶测温时，必须能够熟练地运用热电偶的冷端温度补偿方法、安装方法、测温线路等实用技术。

1. 热电偶的冷端温度补偿方法

由热电偶测温原理可知，当选定热电偶材料后，只有当热电偶冷端温度恒定时，热电偶的热电势才是被测温度的单值的函数。此外，工程技术上使用的热电偶分度表和根据分度表刻画的测温显示仪表的刻度都是根据冷端温度为0℃时制作的。在实际使用过程中，由于热电偶的热端和冷端离得很近，冷端也暴露于空气中，容易受到环境温度的影响，因而冷端温度很难保持恒定，因此必须对冷端温度进行处理，以消除冷端温度的影响。目前，对热电偶冷端温度进行处理的方法主要有冷端0℃恒温法、补偿导线法、公式修正法、仪表机械零点调整法和补偿电桥法等。

1）冷端0℃恒温法

冷端0℃恒温法就是将热电偶的冷端置于0℃的恒温器内，保持为0℃，这种方法又称为冰浴法。此时测得的热电势可以准确地反映热端温度变化的大小，直接查对应的热电偶分度表即可得知热端温度的大小。这是一种理想的补偿方法，通常适用于实验室及精密测量中，但在工业中使用极为不便。

2）补偿导线法

实际测温时，由于热电偶的长度有限，冷端温度将直接受到被测介质温度和周围环境的影响。例如，热电偶安装在电炉壁上，电炉周围的空气温度的不稳定会影响到接线盒中的冷端的温度，造成测量误差。为了使冷端不受测量端温度的影响，可将热电偶加长，但由于热电偶一般是由贵金属做成的，这将提高测量系统的成本。所以，一般采用在一定温度范围内（0℃ ~ 100℃）与热电偶热电特性相近且廉价的材料代替热电偶来延长热电极，这种导线称为补偿导线，这种方法称为补偿导线法。

使用补偿导线必须注意以下两个问题：

（1）两根补偿导线与热电偶相连的接点温度必须相同，接点温度不超过100℃；

（2）不同的热电偶要与其型号相应的补偿导线配套使用，且必须在规定的温度范围内使用，极性不能接反。

常用热电偶的补偿导线特性如表3-1-2所列。

表3-1-2 常用热电偶补偿导线特性表

补偿导线型号	配用的热电偶分度号	补偿导线材料		补偿导线颜色	
		正极	负极	正极	负极
SC	S（铂铑$_{10}$—铂）	SPC（铜）	SNC（铜镍）	红	绿
KC	K（镍铬—镍硅）	KPC（铜）	KNC（铜镍）	红	蓝
KX	K（镍铬—镍硅）	KPX（镍铬）	KNX（镍硅）	红	黑
EX	E（镍铬—铜镍）	EPX（镍铬）	ENX（铜镍）	红	棕
JX	J（铁—铜镍）	JPX（铁）	JNX（铜镍）	红	紫
TX	T（铜—铜镍）	TPX（铜）	TNX（铜镍）	红	白

3）公式修正法

采用补偿导线可使热电偶的冷端延伸到温度比较稳定的地方，但只要冷端温度 t_0 不为0℃，就需要对热电偶测温回路中的热电势 $E(t, t_0)$ 加以修正。当被测温度为 t 时，通过分度表查到的 $E(t, 0)$ 与热电偶测温得到的热电势 $E(t, t_0)$ 之间的关系，可根据中间温度定律得

$$E(t, 0) = E(t, t_0) - E(t_0, 0) \qquad (3-1-12)$$

修正时,先测出冷端温度 t_0,通过分度表查出 $E(t_0,0)$(此值相当于损失掉的热电势),并把它加到所测得热电势 $E(t,t_0)$ 上。根据式(3-1-12)求出 $E(t,0)$(此值是已得到补偿的热电势),根据此值再在分度表中查出被测实际温度值 t。

4)仪表机械零点调整法

当热电偶与动圈式仪表配套使用时,若热电偶的冷端温度比较恒定,对测量精度要求不高时,可将动圈仪表的机械零点调整至热电偶冷端所处的 t_0 处,这相当于在输入热电偶的热电势前就给仪表输入一个热电势 $E(t_0,0)$。这样,仪表在使用时所指示的值约为 $E(t,t_0)$ + $E(t_0,0)$。

进行仪表机械零点调整时,首先必须将仪表的电源及输入信号切断,然后用螺钉旋具调节仪表面板上的螺钉使指针指到 t_0 的刻度上。当气温变化时,应及时修正指针的位置。此方法虽有一定的误差,但非常简便,在工业上经常采用。

5)补偿电桥法

补偿电桥法是利用不平衡电桥产生的不平衡电压来自动补偿热电偶因冷端温度变化而引起的热电势变化值。补偿电桥法原理图如图 3-1-11 所示。在热电偶与仪表之间接入一个直流电桥(常称为冷端补偿器),电桥中三个桥臂电阻 R_1、R_2、R_3 为锰铜电阻,阻值几乎不随温度变化。另一桥臂电阻 R_{Cu} 为铜电阻(热电阻),其阻值随温度升高而增大。一般用补偿导线将热电偶的冷端延伸至电桥处,使电桥与热电偶冷端具有相同温度。电桥通常在 20℃ 时平衡,此时 $U_{ab}=0$,电桥对仪表的读数无影响。当周围环境温度变化时,电桥失去平衡就会产生不平衡电压,即 $U_{ab}\neq0$。若选择的桥臂电阻和电流的数值适当,可使电桥产生的不平衡电压 U_{ab} 正好补偿由于冷端温度变化而引起的热电势的变化值,达到自动补偿目的,使仪表指示出正确的温度。

由于电桥是在 20℃ 时平衡,所以,采用此法仍需把仪表的机械零点调到 20℃ 处。测量仪表为动圈表时应使用补偿电桥,若测量仪表为电位差计则不需要补偿电桥。

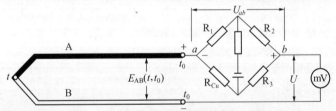

图 3-1-11 热电偶补偿电桥法原理图

2. 热电偶的安装

关于热电偶的安装,产品说明书中均有介绍,应仔细阅读,在此仅介绍其要领。

(1)注意插入深度。一般热电偶的插入深度:对金属保护管应为直径的 15 倍~20 倍;对于非金属保护管应为直径的 10 倍~15 倍。对细管道内流体的温度测量时应尤其注意。

(2)注意保温。为防止传导散热产生附加误差,保护套管露在设备外部的长度应尽量短,并加保温层。

(3)防止变形。应尽量垂直安装。在有流速的管道中必须倾斜安装,若需水平安装时,则应有支架支撑。

3. 热电偶的测温线路

热电偶产生的热电势是毫伏级的。测温时,它可以直接与显示仪表(如动圈式毫伏表、电子电位差计、数字表等)配套使用,也可与温度变送器配套,转换为标准电流信号。

1）热电偶单点测温线路

热电偶单点测温线路图如图 3 - 1 - 12 所示。

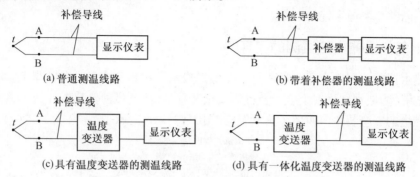

图 3 - 1 - 12　热电偶单点测温线路图

2）热电偶多点测温线路

热电偶多点测温线路图如图 3 - 1 - 13 所示。通过波段开关,可以用一台显示仪表显示多点温度。这种连接方法要求每支热电偶型号相同,测量范围不能超过仪表指示量程,热电偶的冷端处于同一温度下。热电偶多点测温线路可以节约显示仪表和补偿导线。

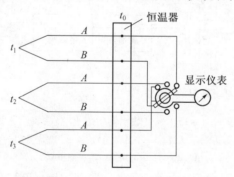

图 3 - 1 - 13　热电偶多点测温线路

3）热电偶串、并联连接线路

特殊情况下,热电偶可以串联或并联使用,但只能是同一分度号的热电偶,且冷端应在同一温度下。热电偶正向串联,可以获得较大的热电势输出并可提高灵敏度或测量多点温度之和;在测量两点温差时,可采用热电偶反向串联。利用热电偶并联可以测量平均温度。热电偶串、并联线路如图 3 - 1 - 14 所示。

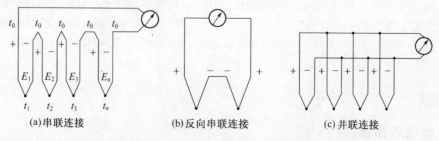

图 3 - 1 - 14　热电偶串、并联连接线路

采用串联连接时,热电势大,精度高,仪表灵敏度大大增加,但只要一只热电偶发生断路则整个电路不能工作,而个别热电偶短路将会导致示值偏低。采用并联连接时,总热电势为各个热电偶热电势的平均值,可不必更改仪表的分度;但有一只热电偶烧断时,难以觉察出来,当然它也不会中断整个测温系统的工作。

二、燃气热水器火焰监测的实现

燃气热水器的使用安全性非常重要。在燃气热水器中设置有防止熄火装置、防止缺氧不完全燃烧装置、防缺水空烧安全装置及过热安全装置等,涉及多种传感器。其中,防熄火、防缺氧不完全燃烧的安全装置中使用了热电偶,如图3-1-15所示。

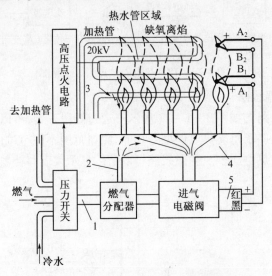

图3-1-15　燃气热水器防熄火、防缺氧示意图
1—燃气进气管;2—引火管;3—高压放电针;4—主燃烧器;5—电磁阀线圈;
A_1、B_1—热电偶1;A_2、B_2—热电偶2。

当打开热水龙头时,自来水压力使燃气分配器中得引火管输气孔在较短的一段时间里与燃气管道接通,喷射出燃气。与此同时,高压点火电路发出10kV～20kV的高电压,通过放电针点燃主燃烧室火焰。热电偶1被烧红,产生正的热电势,使电磁阀线圈(该电磁阀的电动力由极性电磁铁产生,对正向电压有很高的灵敏度)得电,燃气改由电磁阀进入主燃室。

当外界氧气不足时,主燃烧室不能充分燃烧(此时将产生大量有毒的一氧化碳),火焰变红而上升,在远离火孔的地方燃烧(称为离焰)。热电偶1的温度必然降低,热电势减小;而热电偶2被拉长的火焰加热,产生的热电势与热电偶1产生的热电势反向串联,相互抵消,流过电磁阀线圈的电流小于额定电流,甚至产生反向电流,使电磁阀关闭,起到缺氧保护作用。

当启动燃气热水器时,若某种原因无法点燃主燃烧室火焰,由于电磁阀线圈得不到热电偶1提供的电流,处于关闭状态,从而避免了煤气的大量溢出。煤气灶熄火保护装置也具有相似的原理。

■ 知识拓展

一、金属表面温度的测量

在机械、冶金、能源、国防等部门中,金属表面温度测量是普通而重要的问题。根据被测对象的特点,测温范围从几百摄氏度到一千多摄氏度,通常多采用直接接触测温方法。该方法就是用各种型号及规格的热电偶(视温度范围而定),用黏合剂或焊接的方法,将热电偶与被测金属表面直接接触,然后把热电偶接到显示仪表上组成测温系统,指示出金属表面的温度。

当被测金属表面温度在 300℃ 以下时,通常采用黏合剂将热电偶结点黏附在金属表面,工艺比较简单。图 3-1-16 所示的是适合不同壁面的热电偶使用方式。如果金属壁较薄,一般可用胶合物将热偶丝粘贴在被测元件表面,如图 3-1-16(a) 所示。为了减少误差,在紧靠测量端的地方应加足够长的保温材料保温。如果金属壁较厚,且机械强度又允许,则对于不同壁面,测量端的插入方式为从斜孔内插入,如图 3-1-16(b)。图 3-1-16(c) 所示的是利用电动机起吊螺孔,将热电偶从孔槽内插入的方法。

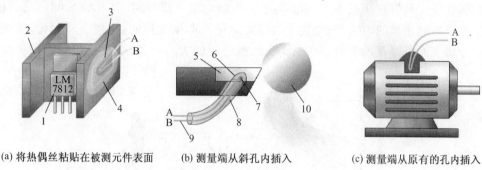

(a) 将热偶丝粘贴在被测元件表面　　(b) 测量端从斜孔内插入　　(c) 测量端从原有的孔内插入

图 3-1-16　适合不同壁面的热电偶使用方式

1—功率元件;2—散热片;3—薄膜热电偶;4—绝热保护层;5—车刀;6—激光加工的斜孔;

7—露头式铠装热电偶测量端;8—薄壁金属保护套管;9—冷端;10—工件。

当被测金属表面温度较高时,且要求测量精度和响应时间小的情况下,常采用焊接的方法将热电偶的结点焊于金属表面。一般焊接的方式如图 3-1-17 所示。

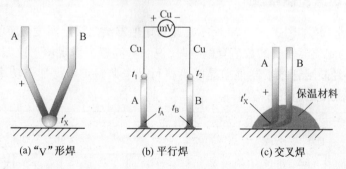

(a)"V"形焊　　　　(b) 平行焊　　　　(c) 交叉焊

图 3-1-17　热电偶头部的焊接方式

测量金属壁面温度用的热电偶丝一般都比较细,采用常规焊接法容易烧断,焊接质量不好,可以采用电容充放电原理制成的焊接机。

图 3-1-18 所示是冲击焊示意图。当开关 S 倒向电源测时,电容 C 充电。然后,将 S 倒向工作侧,这时,两电极夹子之间的电压为电容两端的电压。迅速移动电极,到某一时刻,当热偶丝端点与被焊金属表面之间的距离足够小时,空气被击穿放电,产生大量的热,从而使金属热电偶丝被焊接在金属壁面上。电容冲击焊适宜于"V"形焊和平行焊。焊接质量与冲击电压及冲击速度都有关系。

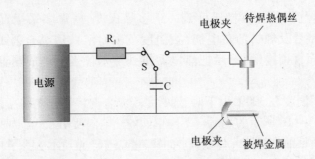

图 3 - 1 - 18　冲击焊示意图

图 3 - 1 - 19 所示是接触焊示意图。焊接前先将开关 S 倒向电源测,电容 C 充电。电极将热电偶丝压在被焊金属表面上,此时,产生接触电阻。焊接时,将开关 S 倒向另一侧,通过降压变压器形成大的电流,该电流流过接触电阻而产生大量的热,使金属熔化,把热电偶丝焊于金属表面。焊接质量与工作电流和接触电阻的大小有关,电容接触焊适用于交叉焊方式。

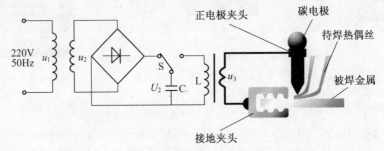

图 3 - 1 - 19　接触焊示意图

二、热电偶炉温控制系统

常用炉温控制系统如图 3 - 1 - 20 所示。毫伏定值器给出设定温度对应的毫伏数,当热电偶测量的热电势与定值器输出的数值有偏差时,说明炉温偏离设定值。此偏差经放大器放大后送到调节器,再经晶闸管触发器推动晶闸管执行器来调整炉丝得加热功率,直到偏差被消除,从而实现控制温度的目的。

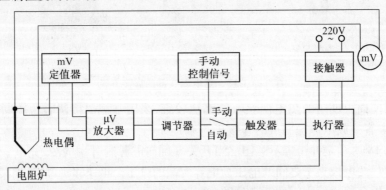

图 3 - 1 - 20　热电偶炉温控制系统

知识总结

1. 热电偶是将温度信号转换为电信号输出的热电动势传感器,其工作原理基于热电效应。任何两种不同材料导体都可以组成热电偶,但从测温的范围、灵敏度、精度等要求来看,热电偶组成材料必须严格选择。国际上公认的有八种标准化热电偶,工业上常用的有四种标准化热电偶材料。

2. 热电偶的种类很多,其结构及外形也不尽相同,但基本组成大致一样。通常由热电极、绝缘材料、接线盒和保护套等组成。按照热电偶结构划分,可分为普通型热电偶、铠装热电偶、薄膜热电偶等。各种热电偶有其各自的特性以及应用场合,应学会选择合适型号的热电偶进行温度检测。

3. 由电偶测温原理可知,热电偶输出的热电势仅反映出两个接点之间的温度差。只有当热电偶冷端温度保持不变,热电势才是被测温度的单值函数。在实际测温过程中,冷端温度很难保持恒定,这就必须对冷端温度采用一定的方法进行处理。常用的方法有冷端 $0\,℃$ 恒温法、补偿导线法、公式修正法、仪表机械零点调整法和补偿电桥法等。

4. 热电偶测温时,可以直接与显示仪表(如动圈式毫伏表、电子电位差计、数字表等)配套使用,也可与温度变送器配套,转换为标准电流信号。常见测温线路有单点测温线路、多点测温线路、热电偶串及并联连接。

5. 热电偶可以实现燃气热水器火焰的监测,可以进行金属表面温度的检测,还可以用来组建炉温控制系统。在进行金属表面温度测量时,应注意选用合适的方式将热电偶接点与金属表面直接接触。

学习评价

本学习情境评价根据知识的学习和项目工作的完成情况进行考核评价,注重过程的考核。根据学习情境中各项任务完成的主体不同,分别对个人和小组进行考核评价,学习评价表如表 3-1-3 所列。

表 3-1-3　学习情境 3.1 考核评价表

组　别		第一组			第二组			第三组		
项目任务	分值	学生 A	学生 B	学生 C	学生 D	学生 E	学生 F	学生 G	学生 H	学生 I
热电偶原理的学习	10									
测量转换结构和类型的学习	10									
热电偶的安装和使用	15									
热电偶传感器传感器对温度的测量	15									
热水器火焰监测的实现	20									
学习报告书	15									
团队合作能力	15									

■ 思考题

1. 简述热电偶测温的基本原理及热电偶的基本定律。

2. 目前工业上常用的热电偶有哪几种？各有什么特点？

3. 为什么热电偶测温时要进行冷端温度补偿？常用的补偿方法有哪些？

4. 什么是补偿导线？为什么要使用补偿导线？补偿导线的类型有哪些？在使用时应注意哪些问题？

5. 用 K 型热电偶(镍铬—镍硅)测量炉温，已知热电偶冷端温度 $t_0 = 30℃$，$E_{AB}(t_0,0℃) = 1.203mV$，测得热电势 $E_{AB}(t,30℃) = 37.724mV$。求炉温 t。

学习子情境 3.2：机床电机的过热保护

■ 情境介绍

机床在长时间的工作中都会发热，其中，以机床电机绕组发热与机械转动轴承发热较为严重，尤其是在环境温度较高、散热通风不良的场合，可能会损坏电机绕组与转动轴承。为此，需要利用温度传感器对机床电机与转动轴承超温运行进行保护，以延长机床设备的使用寿命。

中小型三相异步电动机常用的过热保护及测温元件大致可分为两类：一类是定值式温度传感元件，如热敏电阻和热敏开关等；另一类是热电偶和铂热电阻。另外还有一种防潮加热带，用于保护在潮湿环境下运行的电动机。这些温度传感器元件均埋置在电动机内部的相应位置上。例如，埋置在电动机绕组或电动机的前后轴承上，可直接反映出电动机绕组及轴承的实际温度。无论是由于过电压、欠电压、过电流、缺相，还是过载、堵转等故障，均是通过电机绕组的温升表现出来的。此类信号传递到电机保护器或温度控制仪上，可立即切断电动机的电源，对电动机进行保护。

本学习子情境首先介绍常见热电阻、热敏电阻的特性和工作原理以及热电阻测温的基本应用。在熟悉热敏电阻的特性的基础上，通过设计过热保护的控制电路，选择安装温度传感器进一步掌握热敏电阻的特性及主要应用场合。最后介绍常见气敏电阻、湿敏电阻的特性、工作原理以及具体应用。

■ 学习要点

1. 熟悉常用热电阻的材料，结构以及主要特性；

2. 掌握常用热电阻的测温原理、测温电路以及典型应用；

3. 熟悉半导体热敏电阻的种类以及各自特性；

4. 掌握半导体热敏电阻的测温原理、测温电路以及典型应用；

5. 了解气敏电阻、湿敏电阻的主要特性、工作原理及典型应用。

■ 知识点拨

热电阻传感器也是工业上常用的温度传感器，主要用于测量温度以及与温度有关的参数。

它是利用导体或半导体的电阻值随温度变化而变化的原理进行温度检测的,即材料的电阻率随温度的变化而变化,这种现象称为热电阻效应。热电阻传感器分为金属热电阻和半导体热电阻两大类,前者用金属材料作为感温元件,简称为热电阻;后者用半导体材料作为感温元件的传感器,简称为热敏电阻。热电阻传感器的测量精度高;具有较大的测量范围,工业上被广泛用来测量 $-200℃ \sim +960℃$ 内的温度;易于使用在自动检测和远距离测量中。

一、热电阻

1. 热电阻材料

大多数金属材料的电阻值都随温度的变化而变化,但是用作测温用的材料必须具备以下特点:① 电阻温度系数大,以便提高热电阻的灵敏度;② 电阻率 ρ 尽可能大,以便在相同灵敏度下减小元件尺寸;③ 电阻值与温度的关系($R - t$)尽可能成线性关系;④ 在测温范围内,材料的物理、化学性能稳定;⑤ 材料的提纯、可延、自制等工艺性好。根据上述要求,应用较为广泛的热电阻材料有铂、铜、镍、铁和铑铁合金等,其中铂、铜最常用。表 3 - 2 - 1 列出了这两种热电阻材料的主要技术性能。

表 3 - 2 - 1 热电阻的主要技术性能

材　料	铂（WZP）	铜（WZC）
使用的温度范围/℃	$-200 \sim +960$	$-50 \sim +150$
电阻率 $\rho(\Omega \cdot m \times 10^{-6})$	0.0981	0.017
0℃~100℃间电阻温度系数 α（平均值）(1/℃)	0.00385	0.00428
化学稳定性	在氧化性介质中较稳定,不能在还原性介质中使用,尤其在高温情况下	超过100℃易氧化
特性	特性接近于线性、性能稳定、精度高	线性较好,价格低廉
应用	适合较高温度的测量,可作标准测温装置	适于测量低温、无水分、无腐蚀性介质的温度

2. 常用热电阻

1）铂电阻

铂电阻是中低温区最常用的一种温度传感器,它不仅广泛地应用于工业测温,而且被制成标准的基准仪。铂电阻的主要特点是精度高、稳定性好、性能可靠,尤其是铂材料在氧化性介质中,甚至在高温下其物理、化学性能都非常稳定(尤其在高温和氧化性介质中);易于提纯,有良好的工艺性,可以制成极细的铂丝或极薄的铂箔;电阻率较高,是目前制造热电阻的最好材料。在还原性介质中,特别是在高温下,铂很容易被从氧化物中还原出来的蒸汽所玷污,容易使铂丝变脆,且电阻温度系数小,价格较高。

铂电阻的统一型号为 WZP,测温范围为 $-200℃ \sim +960℃$。在 $-200℃ \sim 0℃$ 范围内,铂电阻的阻值与温度的关系可表示为

$$R_t = R_0 \left[1 + At + Bt^2 + C(t - 100)t^3 \right] \tag{3 - 2 - 1}$$

在 $0℃ \sim 960℃$ 范围内,铂电阻的阻值与温度的关系可表示为

$$R_t = R_0 (1 + At + Bt^2) \tag{3 - 2 - 2}$$

式中 t——任意温度值；

　　R_t——温度，为 t℃是铂电阻的电阻值；

　　R_0——温度为 0℃是铂电阻的电阻值。

　　A、B、C——温度系数，对于常用的工业铂电阻，$A = 3.90802 \times 10^{-3}$/℃，$B = -5.80195 \times 10^{-7}/(℃)^2$，$C = 4.27350 \times 10^{-12}/(℃)^3$。

目前，我国常用的铂电阻有两种：一种是 $R_0 = 10\Omega$，其对应分度号为 Pt10；另一种 $R_0 = 100\Omega$，其对应分度号为 Pt100，其中以 Pt100 为最常用。铂电阻不同的分度号也有相应分度表，即 $R_t - t$ 的关系表，这样在实际测量中，只要测得铂电阻的阻值，便可从分度表上查出对应的温度值。铂电阻的分度表见附录 C。

2）铜电阻

由于铂是贵重金属材料，故在精度要求不高的场合和测温范围较小时，普遍使用铜电阻。铜的电阻温度系数大，易加工提纯，加工性能好，可拉成细丝，价格便宜，在测温范围内其电阻值与温度几乎呈线性关系；但电阻率小，体积大，机械强度低，易氧化，不适宜在腐蚀性介质或高温下工作。

铜电阻的统一型号为 WZC，测温范围为 -50℃ ~ 150℃。在测量范围内，铜电阻的电阻值与温度的关系可表示为

$$R_t = R_0(1 + \alpha t) \tag{3-2-3}$$

式中 R_t——温度为 t℃时铜电阻的电阻值；

　　R_0——温度为 0℃时铜电阻的电阻值；

　　α——铜电阻温度系数，$\alpha = 4.25 \times 10^{-3}$/℃ ~ 4.28×10^{-3}/℃。

目前，我国工业上常用铜电阻的分度号有 Cu50（$R_0 = 50\Omega$）和 Cu100（$R_0 = 100\Omega$）。铜电阻分度表见附录 C。

3. 热电阻的结构

热电阻通常由电阻体、绝缘子、保护套管和接线盒四个部分组成，其中电阻体是热电阻的主要部分，绝缘子、保护套管及接线盒部分的结构和形状与热电偶的相应部分相同。热电阻按照结构类型来分有普通型热电阻、铠装热电阻、薄膜热电阻等。

1）普通型热电阻

普通型热电阻由感温元件（金属电阻丝）、支架、引出线、保护套管及接线盒等基本部分组成。铂、铜热电阻的外形结构如图 3-2-1 所示。由于铂的电阻率大，而且相对机械强度较大，通常铂丝直径为 0.03 ~ (0.07 ± 0.005)mm，可单层绕制，电阻体可做得很小。铜的机械强度较低，电阻丝的直径较大，一般为 (0.1 ± 0.005)mm 的漆包铜线或丝包线分层绕在骨架上，并涂上绝缘漆而成。由于铜电阻测量的温度低，一般多用双绕法，即先将铜丝对折，两根丝平行绕制，两个端头处于支架的同一端，这样工作电流从一根热电阻丝进入，从另一根丝反向出来，形成两个电流方向相反的线圈，其磁场方向相反，产生的电感就互相抵消，故又称无感绕法。这种双绕法也有利于引线的引出。

2）铠装热电阻

铠装热电阻由金属保护管、绝缘材料和感温元件组成。其感温元件用细铂丝绕在陶瓷或玻璃骨架上制成。铠装热电阻比普通热电阻直径小，易弯曲，抗震性好，适宜安装在普通热电阻无法安装的场合。铠装热电阻的保护套管采用不锈钢，内部充满高密度氧化物绝缘体，因此

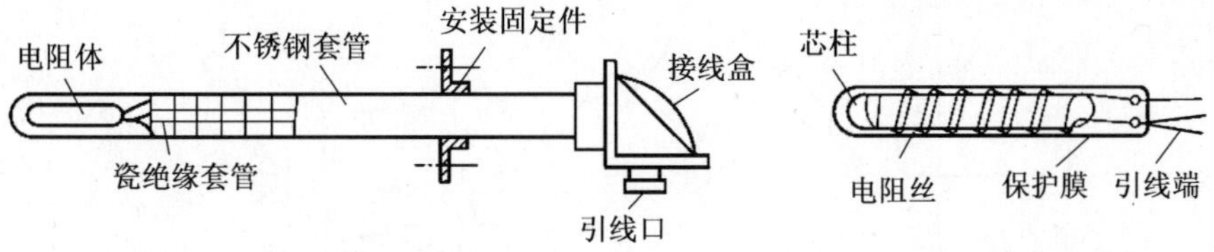

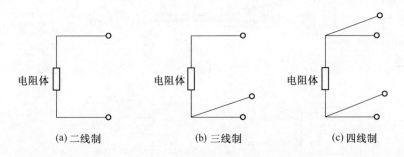

图3-2-1　热电阻的结构图

具有很强的抗污染性能和优良的机械强度,适合安装在环境恶劣的场合。铠装热电阻可直接用铜导线与二次仪表相连接使用。由于它具有良好的电输出特性,可为显示仪、记录仪、调节器、数据记录仪以及计算机提供准确的温度变化信号。

3）薄膜铂热电阻

薄膜铂热电阻是近些年来发展起来的新型测温元件。薄膜铂热电阻一般用陶瓷材料作基底,采用精密丝网印刷工艺在基底上形成铂电阻,再经焊接引线、胶封、校正电阻等工序,最后在电阻表面涂保护层而成。薄膜铂热电阻具有热容量小、反应快等特性,主要用于平面物体的表面温度和动态温度的检测。测量时可将其粘贴在被测高温物体上,测量局部温度。

4. 热电阻测温的接线方式

热电阻测温是基于导体的电阻值随温度的变化而变化这一特性来进行温度测量。热电阻传感器的测量转换电路一般采用电桥电路。热电阻的端子接线方式有二线制、三线制和四线制三种,如图3-2-2所示。二线制中引线电阻对测量影响较大,适用于测温精度不高的场合;三线制接法可以减小热电阻与测量仪表之间连接导线的电阻因环境温度变化所引起的测量误差;四线制接法可以完全消除引线电阻对测量结果的影响,用于高精度温度检测。

图3-2-2　热电阻的不同接线方式

在实际应用中,工业用热电阻测温通常采用三线制接法,尤其在测温范围窄、导线长、测温要求较高的场合,必须采用三线制接法。热电阻测温三线制接法的电路图如图3-2-3所示。图3-2-3中,G为检流计,R_1、R_2、R_3为固定电阻,Ra为零位调节电阻。热电阻R_t通过电阻为r_1、r_2、r_3的三根导线与电桥连接。r_3与电流表相连,指示仪表G具有很大内阻,所以,流过r_3的电流近似为0,对电桥的平衡没有影响;r_1、r_2分别接在相邻的两个桥臂上。当温度变化时,只要它们的长度和电阻的温度系数α相等,它们的电阻变化就不会影响电桥的状态。

一般引线一致,$r_1 = r_2$。当电桥平衡时,有

$$R_1(R_\alpha + r_1 + R_t) = R_3(R_2 + r_2) \qquad (3-2-4)$$

若$R_3 = R_1$,调节Ra,可以消除引线电阻r对测量结果的影响。

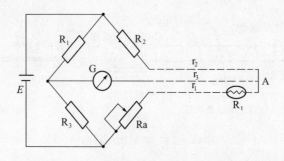

图 3 - 2 - 3　热电阻测温线路的三线制接法

二、热敏电阻

热敏电阻是利用半导体材料的电阻率随温度变化而变化的性质制成的一种热敏元件。它的测温范围在 -50～350℃。其常见的半导体材料有铁、镍、锰、钴、钼、钛、镁、铜等的氧化物或其他化合物。根据产品性能不同,一般对半导体材料进行不同的配比,然后烧结而成。

与其他温度传感器相比,热敏电阻具有的优点是:电阻温度系数大,灵敏度高;电阻率高,热惯性小;结构简单,体积小,寿命长,价格便宜。但是它的阻值与温度变化呈非线性关系,且稳定性和互换性较差。

1. 热敏电阻的结构

热敏电阻可根据使用要求,封装加工成各种形状的探头,如圆片形、柱形、珠形、铠装形、厚膜形等。热敏电阻的外形结构及符号如图 3 - 2 - 4 所示。

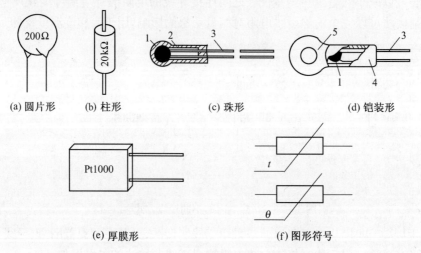

图 3 - 2 - 4　热敏电阻的外形结构及符号

1—热敏电阻;2—玻璃外壳;3—引出线;4—紫铜外壳;5—传热安装孔。

2. 热敏电阻的工作原理

半导体材料的电阻率温度系数为 -(1～6)%/℃ ～ +60%/℃ 范围内的各种数值,它是金属材料温度系数的 10 倍～100 倍,甚至更高。热敏电阻就是利用半导体材料的电阻值随温度变化而显著变化这一特性制成的测温传感器。

3. 热敏电阻的类型

热敏电阻可按电阻的温度特性、结构、形状、用途、材料及测温范围等进行分类。

　　热敏电阻按温度特性可分为两类：正温度系数（PTC）热敏电阻和负温度系数（NTC）热敏电阻。正温度系数是指电阻的变化趋势与温度的变化趋势相同；负温度系数是指电阻的变化趋势与温度的变化趋势相反。各种热敏电阻的电阻—温度特性曲线如图3-2-5所示。

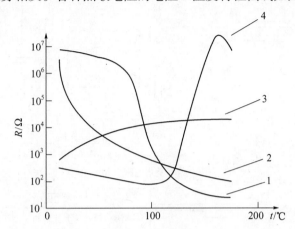

图3-2-5　各种热敏电阻的电阻—温度特性曲线
1—突变型NTC；2—负指数型NTC；3—线性型PTC；4—突变型PTC。

　　1）PTC热敏电阻

　　PTC热敏电阻是正温度系数热敏电阻，即在测温范围内，其阻值随着温度的升高而增大，最高温度通常不超过140℃。它以$BaTiO_3$作为基本材料，再掺入适量的稀土元素，经陶瓷工艺高温烧结而成。近年来还研制出掺有大量杂质的Si单晶PTC，它的电阻变化接近线性。

　　PTC热敏电阻分为两大类：第一类是突变型PTC，它的电阻—温度特性呈非线性，特性曲线如图3-2-5中的曲线4所示，在电子线路中多起限流、保护作用；第二类是线性型PTC，其特性曲线如图3-2-5中的曲线3所示。

　　2）NTC热敏电阻

　　NTC热敏电阻研制得较早，也较成熟。它以氧化锰、氧化钴和氧化铝等金属氧化物为主要原料，采用陶瓷工艺制造而成。

　　根据不同的用途，NTC也可分为两大类：第一类用于温度检测，是负指数型NTC。它的电阻值与温度之间呈严格的负指数关系，如图3-2-5中的曲线2所示。第二类主要用于温度开关类的控制，是突变型NTC，又称为临界温度型（CTR）热敏电阻。CTR热敏电阻的主要材料是钒、钡、锶、磷等元素氧化物的混合烧结体。它的电阻值在某特定温度范围内随温度升高而降低3个~4个数量级，即具有很大负温度系数，特性曲线如图3-2-5中的曲线1。CTR热敏电阻主要用于对温度开关类的控制。

　　由此可见，符合图3-2-5中曲线2、曲线3的热敏电阻，更适用于温度的检测，而符合曲线1、曲线4的热敏电阻因特性变化陡峭则更适用于组成温控开关电路。

　　4. 热敏电阻的基本应用

　　由于热敏电阻具有许多优点，所以应用范围很广，可用于温度检测、温度补偿、温度控制、流量检测等方面。下面简要介绍其基本应用。

　　1）温度检测

　　作为温度检测的热敏电阻一般结构较简单，价格较低廉。没有外面保护层的热敏电阻只能应用在干燥的地方。密封的热敏电阻不怕湿气的侵蚀，可以使用在较恶劣的环境下。由于热敏电阻的阻值较大,所以,其连接导线的电阻和接触电阻可以忽略,因此,热敏电阻可以在长达几千米的远距离测量温度中应用。图3-2-6是热敏电阻温度检测的原理图。

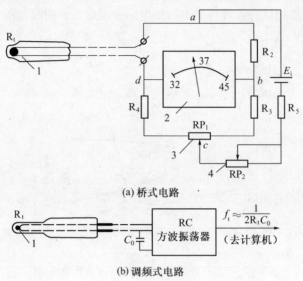

(a) 桥式电路

(b) 调频式电路

图3-2-6　热敏电阻温度检测的原理图

1—热敏电阻;2—指针式显示器;3—调零电位器;4—调满度电位器。

温度检测时先对仪表进行标定。具体操作如下:将绝缘的热敏电阻放入32℃(表头的零位)的温水中,待热量平衡后,调节RP_1,使指针在32℃上,再加热水,用更高一级的温度计监测水温,使其上升到45℃。待热量平衡后,调节RP_2,使指针指在45℃上,再加入冷水,逐渐降温,反复检查32℃~45℃范围内刻度的准确性。

2) 温度补偿

仪表中通常用的一些零件多数是用金属丝制成的,如线圈、绕线电阻等。金属一般具有正温度系数,采用负温度系数的热敏电阻进行补偿,可以抵消由于温度变化所产生的误差。实际应用时,将负温度系数的热敏电阻与锰铜丝电阻并联后再与被补偿元件串联,如图3-2-7所示。

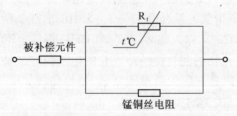

图3-2-7　热敏电阻用于仪表中温度补偿示意图

3) 温度控制

将突变型热敏电阻埋设在被测物中,并与继电器串联,给电路加上恒定电压。当周围介质温度升到某一定数值时,电路中的电流可以由十分之几毫安突变为几十毫安,因此继电器动作,从而实现温度控制或过热保护。

4) 流量检测

利用热敏电阻上的热量消耗和介质流速的关系可以测量流量、流速、风速等。热敏电阻用于流量检测的电路如图 3-2-8 所示。其中，R_{t1}、R_{t2} 为热敏电阻，R_{t1} 放入流体流经的管道中，R_{t2} 放入不受流体影响的容器里，R_1、R_2 为普通电阻，四个电阻构成电桥。

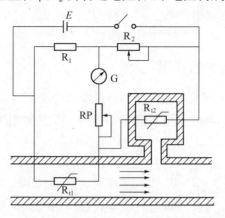

图 3-2-8　热敏电阻用于流量检测的测量电路

当流体静止时，调节 R_2 使电桥平衡，电流计无指示；当流体流动时，R_{t1} 的热量被带走，温度下降，导致 R_{t1} 阻值变化，电桥失去平衡，电流计有示值，指示值与流体流速成正比，从而可以检测出此时管道流量。

▌知识运用

一、热电阻传感器实现温度的检测

工业用热电阻测温通常采用三线制接法，图 3-2-9 是热电阻三线制测温电路。电路中，铂热电阻 R_{T100} 与高精度电阻 $R_1 \sim R_3$ 组成电桥，而且 R_3 的一端通过导线接地。R_{w1}、R_{w2} 和 R_{w3} 是导线等效电阻。R_{w1} 和 R_{w2} 分别接在两个相领桥臂中，只要导线对称，便可实现温度补偿。R_{w3} 接在电源支路中，不会影响测量结果。放大电路采用三个运算放大器构成的仪表放大器，

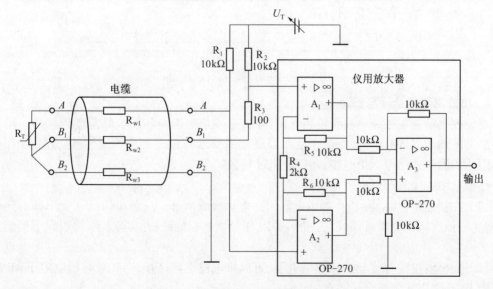

图 3-2-9　热电阻三线制测温电路

具有高的输入阻抗和共模抑制比(CMRR)。经放大器放大的信号,一般要由折线近似的模拟电路或 A/D 转换器构成数据表,进行线性化。因为 R_1 阻值比 R_{T100} 阻值大很多,所以, R_{T100} 变动的非线性对温度特性影响较小。调整时,调整基准电源 U_T 使 R_2 两端电压为准确的 20V 即可。

二、机床电机过热保护的实现

电机往往由于超负荷、缺相及机械传动部分发生故障等原因造成绕组发热,当温度升高到超过电机允许的最高温度时,将会使电机烧坏。利用 PTC 热敏电阻具有正温度系数这一特性可实现电机的过热保护。

1. 工作原理

电机过热保护电路如图 3-2-10 所示。其中, RT_1、RT_2、RT_3 为三只特性相同的 PTC 开关型热敏电阻,为了保护的可靠性,热敏电阻应埋设在电机绕组的端部。三个热敏电阻分别和 R_1、R_2、R_3 组成分压器,并通过 VD_1、VD_2、VD_3 和单结半导体 VT_1 相连接。当某一绕组过热时,绕组端部的热敏电阻的阻值将会急剧增大,使分压点的电压达到单结半导体的峰值电压时 VT_1 导通,产生的脉冲电压触发晶闸管 VS_2 导通,继电器 K 工作,常闭触点 K 断开,切断接触器 KM 的供电电源,从而使电动机断电,电动机得到保护。

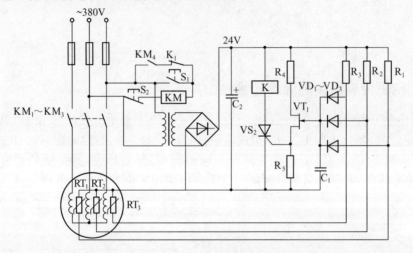

图 3-2-10　电机过热保护电路

2. 热敏电阻的选择与安装

要使控制电路能很好地起到过热保护作用,必须正确选择和安装好温度传感器。用作温度传感器的热敏元件有很多,要选择适合温度范围要求与精度要求的元件,通常使用 PTC 热敏电阻构成测温式继电保护电路,实现电机过热保护。

热敏电阻的安装有以下两种情况。

(1)在制造电机时,将 PTC 热敏电阻嵌在电机线圈内部。三相电机选三支串联的热敏电阻,将它们依次嵌在电机 A、B、C 三相线圈中,压紧绑扎后同线圈一起浸漆,将引线引接到接线盒内。

(2)如果电机没有装配 PTC 热敏电阻,可以将电机端盖打开,将 PTC 热敏电阻用 AB 胶粘在线圈上,并将引线引接到接线盒内。

注意:在保证安全的前提下,应考虑尽量埋设在绕组的最热部位,并使其与被测部位紧密接触；采取保护措施，避免因冷却空气的影响而不能准确反映相应绕组的最高温度。

知识拓展

一、气敏电阻传感器

气敏电阻传感器是一种能把某种气体的成分、浓度等参数转换成电阻变化量再转换为电流、电压信号的传感器。其传感元件是气敏电阻，主要用于工业上天然气、煤气、石油化工等部门的易燃、易爆、有毒、有害气体的监测、预报和自动控制；在环境保护方面用于监测污染气体；在家用方面用于煤气、火灾的预防与报警等。

1. 气敏电阻的材料

气敏电阻的材料是金属氧化物，在合成材料时，通过化学计量比的偏离和杂质缺陷制成。金属氧化物半导体分 N 型半导体（如氧化锡、氧化铁、氧化锌、氧化钨等）和 P 型半导体（如氧化钴、氧化铅、氧化铜、氧化镍等）。为了提高某种气敏元件对某些气体成分的选择性和灵敏度，合成材料有时还渗入了催化剂，如钯（Pd）、铂（Pt）、银（Ag）等。

2. 气敏电阻的工作原理

金属氧化物在常温下是绝缘的，制成半导体后却显示气敏特性。通常器件工作在空气中，空气中的氧和 NO_2 是电子兼容性大的气体，接收来自半导体材料的电子而吸附负电荷，结果使半导体材料的表面空间电荷层区域的传导电子减少，使表面电导减小，从而使器件处于高阻状态。一旦元件与被测还原性气体接触，就会与吸附的氧起反应，将被氧束缚的电子释放出来，敏感膜表面电导增加，使元件电阻减小。该类气敏元件通常工作在高温状态（200℃ ~ 450℃），目的是为了加速上述的氧化还原反应。

气敏元件的基本测量电路如图 3 - 2 - 11 所示，其中，E_H 为加热电源，E_c 为测量电源，电路中气敏电阻值的变化引起电路中电流的变化，输出电压（信号电压）由电阻 R_o 上取出。SnO_2、ZnO 材料气敏元件输出电压与温度的关系如图 3 - 2 - 12 所示。

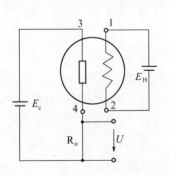
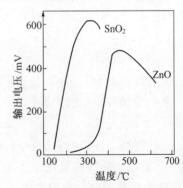

图 3 - 2 - 11　气敏元件的基本测量电路　　图 3 - 2 - 12　气敏元件输出电压与温度的关系

由上述分析可以看出，气敏元件工作时需要本身的温度比环境温度高很多。因此，气敏元件结构上有电阻丝加热器，1 和 2 是加热电极，3 和 4 是气敏电阻的一对电极。

气敏元件在低浓度下灵敏度高，在高浓度下趋于稳定值。因此，常用来检查可燃性气体泄漏并报警等。

3. 气敏电阻元件的种类

气敏电阻元件种类很多,按结构可分为烧结型、薄膜型、厚膜型。

1) 烧结型气敏元件

将元件的电极和加热器均埋在金属氧化物气敏材料中,经加热成型后低温烧结而成。目前,最常用的是氧化锡(SnO_2)烧结型气敏元件,用来测量还原性气体。它的加热温度较低,一般为 200℃~300℃。SnO_2 气敏半导体对许多可燃性气体,如氢、一氧化碳、甲烷、丙烷、乙醇等都有较高的灵敏度。图 3-2-13 是 MQN 型气敏电阻的结构及测量转换电路简图。

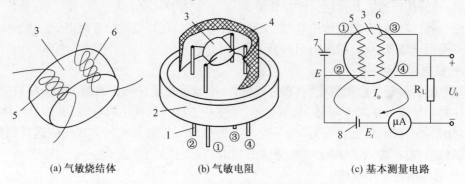

(a) 气敏烧结体　　　　(b) 气敏电阻　　　　(c) 基本测量电路

图 3-2-13　MQN 型气敏电阻结构及测量电路

1—引脚;2—塑料底座;3—烧结体;4—不锈钢网罩;5—加热电极;

6—工作电极;7—加热回路电源;8—测量回路电源。

2) 薄膜型气敏元件

采用真空镀膜或溅射方法,在石英或陶瓷基片上制成金属氧化物薄膜(厚度 0.1μm 以下),构成薄膜型气敏元件。氧化锌薄膜型气敏元件以石英玻璃或陶瓷作为绝缘基片,通过真空镀膜在基片上蒸镀锌金属,用铂或钯膜作引出电极,最后将基片上的锌氧化。

氧化锌敏感材料是 N 型半导体,当添加铂作催化剂时,对丁烷、丙烷、乙烷等烷烃气体有较高的灵敏度,而对 H_2、CO 等气体灵敏度很低。若用钯作催化剂时,对 H_2、CO 有较高的灵敏度,而对烷烃类气体灵敏度低。因此,这种元件有良好的选择性,工作温度为 400℃~500℃的较高温度。

3) 厚膜型气敏元件

将气敏材料(如 SnO_2、ZnO)与一定比例的硅凝胶混制成能印刷的厚膜胶,把厚膜胶用丝网印刷到事先安装有铂电极的氧化铝(Al_2O_3)基片上,在 400℃~800℃的温度下烧结 1h~2h 便制成厚膜型气敏元件。用厚膜工艺制成的器件一致性较好,机械强度高,适于批量生产。

以上三种气敏器件都附有加热器,在实际应用时,加热器能使附着在测控部分上的油雾、尘埃等烧掉,同时加速气体氧化还原反应,从而提高器件的灵敏度和响应速度。

4. 气敏电阻传感器的典型应用

1) 简易家用可燃气体报警器

这种报警器可根据可燃性气体种类,安放在易检测气体泄漏的地方,这样可以随时监测气体是否泄漏,一旦泄漏气体浓度达到危险浓度,便自动发出报警信号。

图 3-2-14 为一种简易家用可燃气体报警器电路。气敏传感器采用直热式气敏器件 TGS109。当室内可燃性气体浓度增加时,气敏器件接触到可燃性气体而其电阻值降低,这样流经测试回路的电流增加,可直接驱动蜂鸣器 BZ 报警。

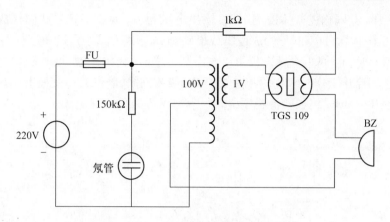

图 3 - 2 - 14　简易家用可燃气体报警器

设计报警器时,关键是如何确定开始报警的气体浓度。一般情况下,对于甲烷、丁烷、丙烷等气体,报警浓度一般选定在其爆炸下限的 1/10。

2）防止酒后驾车控制器

防止酒后驾车控制器的原理图如图 3 - 2 - 15 所示。其中,QM - J$_1$ 为酒敏元件,5G1555 为集成定时器。若司机没喝酒,在驾驶室内合上开关 S,此时气敏器件的阻值很高,U_a 为高电平,U_1 为低电平,U_3 为高电平,继电器 K$_2$ 线圈失电,其常闭触头 K$_{2-2}$ 闭合,发光二极管 VD$_1$ 通,发绿光,能点火起动发动机。

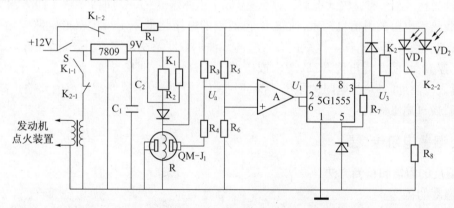

图 3 - 2 - 15　防止酒后驾车控制器的原理图

若司机酗酒,气敏器件的阻值急剧下降,使 U_a 为高电平,U_1 为高电平,U_3 为低电平,继电器 K$_2$ 线圈通电, K$_{2-2}$ 常开触头闭合,发光二极管 VD$_2$ 通,发红光,以示警告,同时常闭触头 K$_{2-1}$ 断开,无法起动发动机。

若司机拔出气敏器件,继电器 K$_1$ 线圈失电,其常开触头 K$_{1-1}$ 断开,仍然无法起动发动机。常闭触头 K$_{1-2}$ 的作用是长期加热气敏器件,保证此控制器处于准备工作的状态。

3）换气扇自动控制电路

QM 系列气敏元件是采用金属氧化物半导体作敏感材料的 N 型半导体气敏元件。该气敏元件接触可燃性气体时电导率增加,适宜于在气体报警器、监控仪器、自动排风装置上作气敏传感器,广泛应用于防火、保安、环保和家庭等领域。

图 3 - 2 - 16 所示的电路为用 QM - N5 气敏传感器构成的换气扇自动控制电路。该电路由气体检测、温度检测、或逻辑电路、触发电路和整流稳压电路组成。其中,气敏元件 QM -

N5、RP$_1$、C$_1$、R$_1$、R$_2$ 共同构成气体检测电路,输出电压为 U_B、R$_t$、C$_2$、RP$_2$ 共同构成温度检测电路,输出电压为 U_E。D$_1$、D$_2$ 和 T$_1$ 构成逻辑或电路,当 U_B 或 U_E 高于 1V 时,T$_1$ 导通;反之,U_B 和 U_E 均低于 1V 时,T$_1$ 截止。触发器 IC$_2$ 输出高电平时,SCR 导通,换气扇通电工作;反之,SCR 截止,换气扇停止工作。SCR 两端并接了 RC 吸收网络,确保其不受损害。开关 K 为电源开关。DW、D$_4$、R$_6$、C$_4$、C$_5$ 组成整流稳压电路,提供 9V 左右的直流电压。

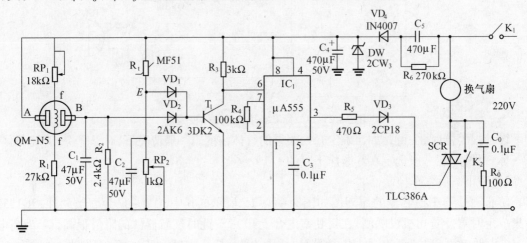

图 3 – 2 – 16 换气扇自动控制电路

工作时,K$_1$ 合上,当室内无有害气体、室温低于人体温度(36℃)时,气敏元件 A、B 两端的阻值较大,热敏电阻的阻值也较大,使得 B、E 两端的电压均低于 1V,逻辑或电路输出为低电平,SCR 截止,换气扇不工作。当室内有害气体或油烟浓度超过设定值时,气敏元件 A、B 两端的阻值迅速减少,使 B 点电位升高,逻辑或电路输出高电平,SCR 导通,换气扇工作。当室温上升接近人体温度时,热敏电阻的阻值下降,E 点电位升高,也可以使逻辑或电路输出高电平,SCR 导通,换气扇工作。

二、湿敏电阻传感器

1. 湿度的概念和检测方法

1)湿度的概念

湿度是指大气中的水蒸汽含量,通常采用绝对湿度和相对湿度两种表示方法。绝对湿度是指单位空间中所含水蒸汽的绝对含量或者浓度或者密度,一般用符号 AH 表示,单位 g/m^3。相对湿度是指被测气体中蒸汽压和该气体在相同温度下饱和水蒸汽压的百分比,一般用符号 RH 表示。相对湿度给出大气的潮湿程度,它是一个无量纲的量,在实际使用中多使用相对湿度这一概念。

露点就是指具有某湿度值的气体在压力保持一定的条件下进行冷却,这时包含在气体中的水蒸汽饱和凝缩进而结成露,此时的温度称为露点。

2)湿度的检测方法

在物理量的检测中,与温度检测相比,湿度的检测较困难,因为水蒸汽中各种物质的物理、化学过程很复杂。常见湿度检测的方法有毛发湿度计法、干湿球湿度计法、露点计法、湿敏电阻湿度计法和湿敏电容湿度计法。其中,干湿球湿度计与露点计法的时效小,可用于高精度测量,但体积大,响应速度低,无电信号,不能用于遥测及湿度自动控制。湿敏电阻湿度计和湿敏电容湿度计体积小,响应速度快,便于将湿度转换为电信号,但稳定性差,不耐 SO_2 的腐蚀。

2. 湿敏电阻的结构与工作原理

目前,湿度传感器中多数还是各种湿敏电阻式传感器,其中的敏感元件是湿敏电阻。湿敏电阻是一种阻值随环境相对湿度的变化而变化的敏感元件。它主要由感湿层(湿敏层)、电极和具有一定机械强度的绝缘基片组成,如图3-2-17所示。

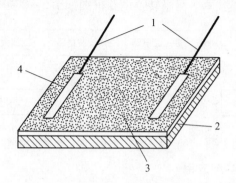

图3-2-17　湿敏电阻结构示意图
1—引线；2—基片；3—感湿层；4—金属电极。

湿敏电阻有多种形式,常用的有金属氧化物陶瓷湿敏电阻、金属氧化物膜型湿敏电阻、高分子材料湿敏电阻等,其中金属氧化物陶瓷传感器是当今湿度传感器的发展方向,如$MgCr_2O_4$-TiO_2(铬酸镁—二氧化钛)陶瓷湿度传感器,其结构示意图如图3-2-18所示。

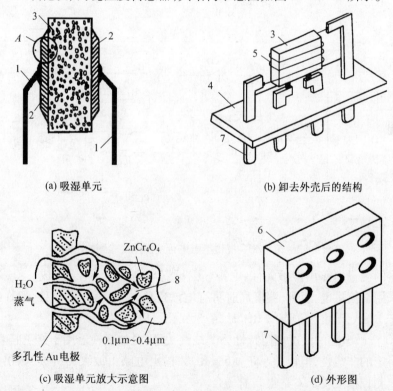

(a) 吸湿单元　　　　　　　　(b) 卸去外壳后的结构

(c) 吸湿单元放大示意图　　　　(d) 外形图

图3-2-18　陶瓷湿度传感器结构
1—引线；2—多孔性电极；3—多孔陶瓷；4—底座；5—镍铬加热丝；6—外壳；7—引脚；8—气孔。

MgCr$_2$O$_4$ – TiO$_2$ 等金属氧化物以高温烧结的工艺制成多孔性陶瓷半导体薄片。它的气孔率高达 25% 以上,具有 1μm 以下的细孔分布。与日常生活中常用的结构致密的陶瓷相比,其接触空气的表面积显著增大,所以,水汽极易被吸附于其表层及其空隙之中,使其电阻率下降。当相对湿度从 1% RH 变化到 95% RH 时,其电阻率变化高达 4 个数量级左右,所以,在测量电路中必须考虑采用对数压缩技术。测量转换电路框图如图 3 – 2 – 19 所示。

图 3 – 2 – 19　湿敏电阻传感器测量转换电路框图

3. 湿敏电阻传感器的典型应用

1）室内湿度检测

ZHG 湿敏电阻为陶瓷湿敏传感器,其阻值随被测环境湿度的升高而降低。图 3 – 2 – 20 所示的电路为应用 ZHG 湿敏电阻进行室内湿度检测的电路。主要有 5 部分组成:湿敏元件（R$_3$）、振荡器（由 IC$_1$、R$_1$、R$_2$、C$_1$ 和 VD$_1$ 组成,R$_1$、R$_2$ 和 C$_1$ 的数值决定振荡频率,本电路频率约为 100Hz）、对数变换器（由 IC$_{2-1}$、VD$_2$、VD$_3$ 和 VD$_4$ 组成）、滤波器（由 R$_4$、C$_4$ 组成）、放大器（由 IC$_{2-2}$、RP、R$_5$、R$_6$、R$_7$、R$_8$ 和 T$_1$ 组成）。

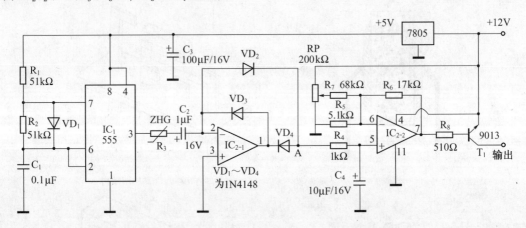

图 3 – 2 – 20　ZHG 湿敏电阻进行室内湿度检测的电路

本传感器的测量电路由湿敏元件、电源（振荡器）和隔直电容 C$_2$ 组成。ZHG 湿敏电阻一般情况下需采用交流供电,否则,湿度高时将有电泳现象,使阻值产生漂移,但在特殊场合,如工作电流小于 10μA,湿度小于 60% RH 时,测量回路可以使用直流电源。

由于 ZHG 湿敏电阻的湿度电阻特性为非线性关系,对数变换器用于修正其非线性,所以,修正后仍有一定的非线性,但误差小于 ±5% RH。输出电路由放大器构成,输出信号为电压。该电路适用于测控精度要求不是很高的场合。

2）粮食含水量检测

粮食的保管与粮食的温度和含水量有关,粮食的温度高、含水量大,极易产生霉变。因此,除了对温度进行测量,也需要对其含水量进行测量。通常粮食含水量为 10% ~ 14%。

粮食的水分不同,其导电率也不同。检测粮食含水量是将两根金属探头插入粮食内,测量两探头间粮食的电阻。粮食含水量越高,电导率越大,两根金属探头间的阻值就越小;反之,阻值就越大。通过检测两根金属探头间阻值的变化,就能测出粮食含水量的大小。由于两探头间粮食的阻值较大,因此间距要小,一般设置为 2mm 左右。

图 3-2-21 所示电路为粮食含水量检测电路。它由检测电路、高压电源、电流/电压转换电路、A/D 转换电路和显示电路组成。

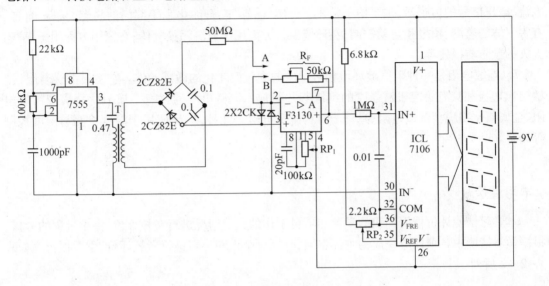

图 3-2-21　粮食含水量检测电路

(1) 检测电路。图 3-2-21 中,A、B 为金属探头,即为传感器。插入粮食中,来检测两探头间粮食 R_{AB} 的阻值。

(2) 高压电源。由于 R_{AB} 通常在几十兆欧至几百兆欧之间,因此,只有采用高压供电电源才能确保有电流流过。图 3-2-21 中,由时基电路 7555 组成无稳自激振荡器,产生矩形脉冲,经升压变压器 T 提高振幅 20 倍,然后通过整流电路输出约 150V 电压。

(3) 后续电路。150V 电压加在 R_{AB} 上,产生 1μA 以内的电流,经运放 F3130 输出小于 2V 的电压,由 D/A 转换器 ICL7106 转换为数字后在显示器上显示。

(4) 零点校正。将 A、B 开路,即两金属探头完全分开,此时 R_{AB} 无穷大,调节 RP₁ 使显示值为零。

(5) 满度校正。将 A、B 短路,即两金属探头连接在一起,相当于粮食完全浸泡在水中。此时 R_{AB} 阻值为零,调整 RP₂ 使显示值为 100%,即粮食含水量为 100%。

▌知识总结

1. 热电阻是利用导体的电阻率随温度变化这一物理现象来测量温度的,其在测温和温控中广泛应用。热电阻传感器分为金属热电阻和半导体热电阻两大类。前者用金属材料作为感温元件,简称为热电阻;后者用半导体材料作为感温元件的传感器,简称为热敏电阻。热电阻传感器的测量精度高,具有较大的测量范围,广泛用在自动检测和远距离测量中。

2. 热电阻传感器的测量转换电路一般采用电桥电路。热电阻的端子接线方式有二线制、三线制和四线制三种。其中,二线制中引线电阻对测量影响较大,适用于测温精度不高的场合;三线制接法可以减小热电阻与测量仪表之间连接导线的电阻因环境温度变化所引起的测量误差;四线制接法可以完全消除引线电阻对测量结果的影响,用于高精度温度检测。

3. 热敏电阻具有的优点是电阻温度系数大,灵敏度高;电阻率高,热惯性小;结构简单,体积小,寿命长,价格便宜,其可用于温度检测、温度补偿、温度控制、流量检测等方面。

4. 气敏电阻传感器是一种能把某种气体的成分、浓度等参数转换成电阻变化量再转换为电流、电压信号的传感器,主要用于工业上天然气、煤气、石油化工等部门的易燃、易爆、有毒、有害气体的监测、预报和自动控制;在环境保护方面用于监测污染气体;在家用方面用于煤气、火灾的预防与报警等。

5. 湿敏电阻是一种阻值随环境相对湿度的变化而变化的敏感元件。它主要由感湿层(湿敏层)、电极和具有一定机械强度的绝缘基片组成。湿敏电阻通常有金属氧化物陶瓷湿敏电阻、金属氧化物膜型湿敏电阻、高分子材料湿敏电阻等几种,广泛应用于湿度检测与湿度控制等场合。

■ 学习评价

本学习情境评价根据知识的学习和项目工作的完成情况进行考核评价,注重过程的考核。根据学习情境中各项任务完成的主体不同,分别对个人和小组进行考核评价,学习评价表如表3-2-2所列。

表3-2-2　学习情境3.2考核评价表

组别		第一组			第二组			第三组		
项目任务	分值	学生A	学生B	学生C	学生D	学生E	学生F	学生G	学生H	学生I
热电阻原理和类型的学习	10									
热敏电阻原理和类型的学习	10									
热敏电阻的选择	15									
热敏电阻传感器对温度的测量	15									
机床电机过热保护的实现	20									
学习报告书	15									
团队合作能力	15									

■ 思考题

1. 简述热电阻测温的工作原理。常用的热电阻有哪些?它们的性能特点是什么?
2. 热敏电阻有哪几种类型?简述它们的特点及用途。
3. 热电阻测温的接线方式有哪几种?为什么要采用三线制或四线制接法?
4. 简述气敏元件的种类以及气敏电阻传感器的工作原理。
5. 什么是绝对湿度和相对湿度?
6. 简述湿敏电阻传感器的工作原理。

4 学习情境4：位移的检测

学习子情境4.1：滚珠直径的自动分选

情境介绍

位移是物体在一定方向上的位置变化，它是机械加工的重要参数。位移可分为线位移和角位移两种。线位移是指机构沿着某一条直线移动的距离，线位移的测量又称为长度测量。这类测量常用的传感器有电阻式传感器、电感式传感器、差动变压器式传感器等。角位移是指机构沿着某一定点转动的角度。角位移的测量又称角度测量，测量角度常用的传感器有旋转变压器、编码器、圆形感应同步器等。

位移检测的常用方法有机械法、光侧法、电测法。其中，电测法就是利用各种传感器将位移量变换成电量或电参数，再经过后续测量仪器进一步变换完成对位移检测的一种方法。本学习情境在介绍电感式传感器工作原理的基础上，通过利用电感式传感器实现滚柱直径的自动分选，进一步掌握电感式传感器的结构形式、测量电路及实际应用。

学习要点

1. 掌握自感式传感器的工作原理；
2. 了解变隙式、变截面积式、螺线管式电感传感器的结构形式，并能分析它们的输出特性；
3. 掌握差动式电感传感器的特点，掌握常见的测量转换电路；
4. 了解差动变压器的结构形式，掌握差动变压器式传感器的工作原理以及差动相敏检波电路的工作原理；
5. 了解电感式传感器的典型应用。

知识点拨

电感式传感器是利用电磁感应原理，将被测非电量的变化转换成线圈电感量 L 或互感量 M 变化的一种机电转换装置。利用电感式传感器可以把连续变化的线位移或角位移转换成线圈的自感或互感的连续变化，经过一定的转换电路再变成电压或电流信号以供显示。它除了可以对直线位移或角位移进行直接测量外，还可以通过一定的感受机构对一些能够转换成位移量的其他非电量，如振动、压力、应变、流量等进行检测。

电感式传感器的种类很多，按转换原理的不同，可分为自感式（电感式）传感器和互感式（差动变压器式）电感器两大类。

一、自感式传感器

1. 自感式传感器的工作原理

自感式传感器的结构示意图如图4-1-1所示,它由线圈、铁芯及衔铁组成。衔铁和铁芯都由截面积相等的高导磁材料制成,线圈绕在铁芯上,在铁芯和衔铁之间有空气隙δ。

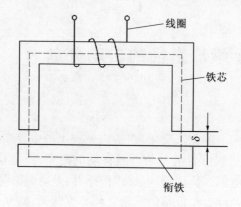

图4-1-1　自感式传感器的结构示意图

由电工学可知,如果不考虑磁路的铁损和漏磁时,传感器的自感量L可写成

$$L = \frac{N^2 \mu_0 A}{2\delta} \tag{4-1-1}$$

式中　N——线圈匝数;

$\quad\quad\delta$——气隙厚度,m;

$\quad\quad\mu_0$——空气导磁率,$\mu_0 = 4\pi \times 10^{-7}$($H/m$);

$\quad\quad A$——气隙导磁横截面积,m^2。

式(4-1-1)表明,线圈电感量与线圈匝数N、空气导磁率μ_0、气隙导磁横截面积A、气隙厚度δ有关。当线圈匝数和铁芯材料确定后,电感L与气隙厚度δ成反比,而与气隙导磁截面积A成正比。工作时,衔铁通过测杆(或转轴)与被测物体相接触,被测物体的位移将引起线圈电感量的变化。当传感器线圈接入测量转换电路后,电感的变化将被转换为电流、电压或者频率的变化,从而完成非电量到电量的转换,这便是自感式传感器的工作原理。

根据变化量的不同,可将自感式传感器分为变隙式传感器、变截面积式传感器和螺线管式传感器三种类型。

1)变隙式电感传感器

变隙式电感传感器的结构示意图如图4-1-2所示。由式(4-1-1)可知,在线圈匝数N确定后,若保持气隙截面积S_0为常数,则$L = f(\delta)$,即电感L是气隙厚度δ的函数,所以,称此传感器为变隙式电感传感器。

同样,由式(4-1-1)可知,变隙式电感传感器的线性度差、示值范围窄、自由行程小,但在小位移下灵敏度很高,因而常用于微小位移的测量。

2)变截面积式电感传感器

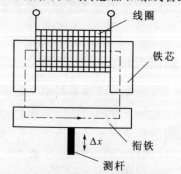

图4-1-2　变隙式电感
传感器的结构示意图

由式(4-1-1)可知，在线圈匝数 N 确定后，若保持气隙厚度 δ 为常数，则 $L=f(A)$，即电感 L 是气隙有效截面积 A 的函数，所以，称此传感器为变截面积式电感传感器。其结构示意图如图 4-1-3 所示。

对于变截面积式电感传感器，电感量 L 与气隙截面积 A 成正比，输入输出呈线性关系，其灵敏度为一常数。由于漏感等因素，变截面积式电感传感器在 $A=0$ 时，仍有较大的电感，所以，其线性区较小，而且灵敏度也低。

3）螺线管式电感传感器

螺线管式电感传感器是同时改变气隙厚度和气隙截面积的电感传感器，其结构示意图如图 4-1-4 所示。主要元件是一只螺线管和一根柱形衔铁。传感器工作时，衔铁在线圈中插入深度的变化将引起螺线管电感量 L 的变化。

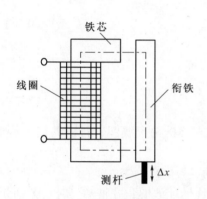

图 4-1-3 变截面积式电感
传感器的结构示意图

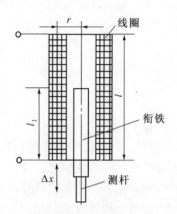

图 4-1-4 螺线管式电感
传感器的结构示意图

对于长螺线管($l \gg r$)，当衔铁工作在螺线管的中部时，可以认为线圈内磁场强度是均匀的。此时线圈电感量 L 与衔铁插入深度 l_1 大致成正比。

这种传感器结构简单，制作容易，但灵敏度稍低，且衔铁在螺线管中间部分工作时，才有希望获得较好的线性关系。螺线管式电感传感器适用于测量稍大一点的位移。

4）差动式电感传感器

上述三种电感传感器使用时，由于线圈中通有交流励磁电流，因而衔铁始终承受电磁吸力，会引起振动及附加误差，而且非线性误差较大。另外，外界的干扰，如电源电压、频率的变化、温度的变化都会使输出产生误差。所以，在实际工作中常采用差动形式，这样既可以提高传感器的灵敏度和线性度，又可以减小测量误差。变隙式、变截面积式、螺线管式三种类型的差动式电感传感器结构示意图如图 4-1-5 所示。两个完全相同、单个线圈的电感传感器共有一根活动衔铁就构成了差动式电感传感器。

现以变隙式为例简要分析差动式电感传感器的输出特性，由图 4-1-5(a)可知，差动变隙式电感传感器由两个相同的电感线圈和衔铁组成。测量时，衔铁通过测杆与被测位移量相连。当被测体上下移动时，测杆带动衔铁也以相同的位移上下移动，使两个磁回路中磁阻发生大小相等、方向相反的变化，导致一个线圈的电感量增加，另一个线圈的电感量减小，形成差动形式。

当衔铁往上移动 $\Delta\delta$ 时，两个线圈的电感量一个增加一个减小，根据结构对称的关系，其

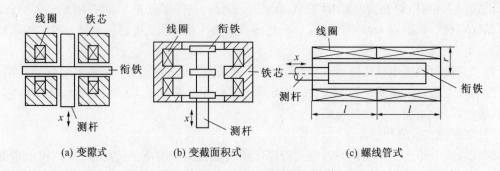

(a) 变隙式   (b) 变截面积式   (c) 螺线管式

图 4-1-5   差动式电感传感器结构示意图

增加和减小的电感量 ΔL_1、ΔL_2 大小相等,则总的电感变化量为

$$\Delta L = 2\frac{\Delta\delta}{\delta_0}L_0 \qquad\qquad (4-1-2)$$

灵敏度为

$$K_0 = \frac{\Delta L/L_0}{\Delta\delta} = \frac{2}{\delta_0} \qquad\qquad (4-1-3)$$

从上述分析可知,差动式电感传感器由于采用了对称的两个线圈、衔铁(共用),因此,与单线圈电感传感器的特性相比,可以得到如下结论:

(1)差动式电感传感器比单线圈式电感传感器的灵敏度高一倍。

(2)由于两个线圈电感变化量中心高次项,即非线性项能够相互抵消,所以,差动式电感传感器的线性度得到明显改善。

(3)差动形式的结构还具有温度自动补偿和抗外磁场干扰的能力。

为了使输出特性能得到有效改善,构成差动式电感传感器的两个导磁体的几何尺寸、材料性能应完全相同,两个线圈的电气参数(如电感、匝数、直流电阻、分布电容等)和几何尺寸也应完全相同。

2. 自感式传感器的测量转换电路

自感式传感器的测量转换电路的作用是将电感量的变化转换成相应的电压或电流信号,以便送入放大器进行放大,然后用指示仪表显示或记录。

自感式传感器的测量转换电路有交流分压式、交流电桥式和谐振式等多种,对于差动式电感传感器大多采用交流电桥式。

1)变压器交流电桥

差动式电感传感器的变压器交流电桥电路如图 4-1-6 所示。差动式电感传感器作为电桥的两个工作臂,Z_1 和 Z_2 为传感器两个线圈的阻抗(为电感 L 和损耗电阻 R_s 的串联),变压器的两个次级线圈作为电桥的另两个臂。

空载时,电桥输出电压 $\dot{U}_o$ 为

$$\dot{U}_o = \left(\frac{Z_1}{Z_1+Z_2} - \frac{1}{2}\right)\dot{U}_2 \qquad\qquad (4-1-4)$$

当传感器的衔铁处于中间位置时,即 $Z_1 = Z_2 = Z$(Z 表示衔铁处于中间位置时一个线圈的阻抗),此时 $U_o = 0$,电桥处于平衡状态。

当衔铁向上移动时，上面线圈的阻抗增加，即 $Z_2 = Z + \Delta Z$，而下面线圈的阻抗减小，即 $Z_1 = Z - \Delta Z$，代入式（4-1-4）可得

$$\dot{U}_o = \left(\frac{Z_1}{Z_1 + Z_2} - \frac{1}{2} \right) \dot{U}_2 = -\frac{\Delta Z}{2Z} \dot{U}_2 \tag{4-1-5}$$

同理，当衔铁向下移动同样大小的距离时，可得到

$$\dot{U}_o = \left(\frac{Z_1}{Z_1 + Z_2} - \frac{1}{2} \right) \dot{U}_2 = \frac{\Delta Z}{2Z} \dot{U}_2 \tag{4-1-6}$$

若忽略线圈电阻，综合式（4-1-5）和式（4-1-6），则可以得到

$$\dot{U}_o = \pm \frac{\Delta L}{2L} \dot{U}_2 \tag{4-1-7}$$

即

$$u_o = \pm \frac{\Delta L}{2L} U_{2m} \sin\omega t \tag{4-1-8}$$

式（4-1-8）表明，差动式电感传感器采用变压器交流电桥为测量转换电路时，电桥输出电压能反映被测体位移的大小，但是由于采用交流电源（$u_2 = U_{2m}\sin\omega t$），因此，不论衔铁往哪个方向移动，电桥输出电压总是交流的，即无法判别位移的方向。为此，常采用带相敏整流的交流电桥。

2）带相敏整流的交流电桥

带相敏整流的交流电桥电路如图4-1-7所示。其中，VD_1、VD_2、VD_3、VD_4四个二极管构成相敏整流器，电桥的两个臂 Z_1、Z_2 分别为差动式传感器中的电感线圈，另两个臂为平衡阻抗 Z_3、Z_4（$Z_3 = Z_4 = Z$）。

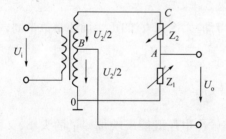

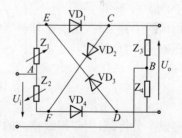

图4-1-6 变压器式交流电桥电路图　　　　图4-1-7 带相敏整流的交流电桥电路

（1）衔铁处于初始平衡位置。当差动式电感传感器的衔铁处于中间位置时，传感器两个差动线圈的阻抗满足 $Z_1 = Z_2 = Z$，电桥处于平衡状态，输出电压 $U_o = 0$。

（2）衔铁向上移动。当衔铁向上移动时，$Z_1 = Z + \Delta Z$，$Z_2 = Z - \Delta Z$：

① 在 U_i 正半周，二极管 VD_1、VD_4 导通，VD_2、VD_3 截止，等效电路如图4-1-8(a)所示。

　　此时输出电压为

$$U_o = V_D - V_C = \frac{\Delta Z}{2Z} \frac{1}{1 - \left(\frac{\Delta Z}{2Z} \right)^2} U_i \tag{4-1-9}$$

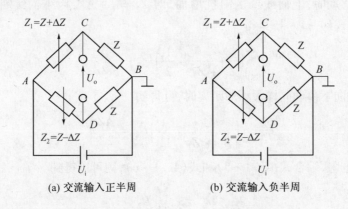

(a) 交流输入正半周　　　　　　　(b) 交流输入负半周

图 4 - 1 - 8　衔铁向上移动时的等效电路

当 $\Delta Z \ll Z$ 时,式(4 - 1 - 9)可近似地表示为

$$U_o = \frac{\Delta Z}{2Z} U_i \qquad (4 - 1 - 10)$$

② 在 U_i 负半周,二极管 VD_2、VD_3 导通,VD_1、VD_4 截止,等效电路如图 4 - 1 - 8(b)所示。同理可以得到

$$U_o = \frac{\Delta Z}{2Z} | U_i | \qquad (4 - 1 - 11)$$

由此可知,当衔铁向上移动时,无论在交流电源的正半周还是负半周,电桥输出电压 U_o 均为正值。

3)衔铁向下移动

当衔铁向下移动时,用上述分析方法同样可以得到,无论在 U_i 的正半周还是负半周,电桥输出电压 U_o 均为负值,即

$$U_o = - \frac{\Delta Z}{2Z} | U_i | \qquad (4 - 1 - 12)$$

通过以上分析,采用带相敏整流的交流电桥,其输出电压既能反映位移量的大小,又能反映位移的方向,所以应用较为广泛。

二、差动变压器式传感器

差动变压器式传感器是把被测位移量转换为一次绕组与二次绕组间互感量 M 的变化的装置。当一次绕组接入激励电源后,二次绕组就会产生感应电动势,当两者间的互感量变化时,感应电动势也相应变化。由于两个二次绕组采用差动接法,所以,称为差动变压器。目前,应用最为广泛的结构形式是螺线管式差动变压器。

1. 差动变压器的工作原理

螺线管式差动变压器的结构示意图如图 4 - 1 - 9 所示,主要由衔铁、一次绕组、二次绕组和导磁外壳等组成。在线框上绕有一组输入线圈(称一次绕组);在同一线框的上、下端再绕制两组完全对称的线圈(称二次绕组),它们反向串联,组成差动输出形式。

理想的螺线管式差动变压器原理图如图4-1-10所示,其中标有黑点的一端称为同名端。

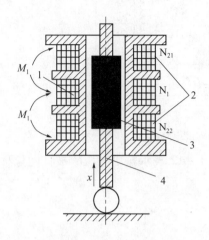 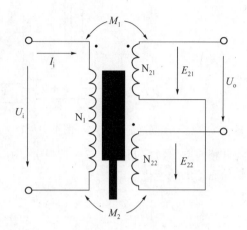

图4-1-9　螺线管式差动变压器结构示意图
1——次绕组；2—二次绕组；3—衔铁；4—测杆。

图4-1-10　理想的螺线管式差动变压器原理图

当一次绕组接入交流激励电源后,由于存在互感量 M_1、M_2,其二次绕组 N_{21}、N_{22} 产生感应电动势 $\dot{E}_{21}$、$\dot{E}_{22}$(二次开路时即为 $\dot{U}_{21}$、$\dot{U}_{22}$),其数值与互感量成正比。由于 N_{21}、N_{22} 反向串联,所以,二次绕组空载时的输出电压 $\dot{U}_o$ 为 $\dot{U}_{21}$、$\dot{U}_{22}$ 之差。

当差动变压器的结构和电源电压一定时,一次绕组、二次绕组间的耦合能随衔铁的移动而变化,即绕组间互感随被测位移改变而变化。

当衔铁处于中间位置时,两个二次绕组对称,互感 $M_1 = M_2$,感应电动势满足 $\dot{E}_{21} = \dot{E}_{21}$,则输出电压 $\dot{U}_o = 0$。

当衔铁向上移动时,N_1 与 N_{21} 之间的互感量 M_1 增大,即 $\dot{E}_{21}$ 增大。以此同时,N_1 与 N_{22} 之间的互感量 M_2 减小,即 $\dot{E}_{22}$ 减小,$\dot{U}_o$ 不再为零,输出电压与激励源电压同相。

同理,当衔铁偏离中间位置向下移动时,输出电压与激励源电源电压反相。

2. 差动变压器的测量转换电路

差动变压器的输出电压随衔铁的位置变化而变化,而且是交流分量。如用交流电压表指示,则输出值只能反映衔铁位移的大小,不能反映衔铁位移的方向,因此,在实际测量中常采用相敏检波电路和差动整流电路。

1）差动相敏检波电路

"检波"与"整流"的含义相似,都是指能将交流输入转换成直流输出的电路,但"检波"多用于描述信号电压的转换。

差动相敏检波电路如图4-1-11所示。相敏检波电路要求参考电压与差动变压器的次级输出电压具有相同频率,因此常接入移相电路。为了提高检波效率,参考电压的幅值取信号电压的3倍~5倍,图4-1-11中,RP_1 为调零电位器。

当差动变压器衔铁从中间位置向上或向下移动时,对应输出的电压信号为正极性或负极性,即输出电压的极性能反映衔铁位移的方向,电压值大小反映了位移的大小。采用差动相敏

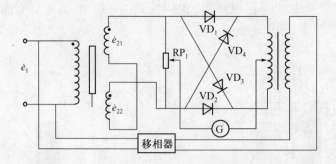

图 4-1-11　差动相敏检波电路

检波电路的输出特性如图 4-1-12(b)所示。图 4-1-12 表示输出电压的极性随位移方向的变化而发生的变化。

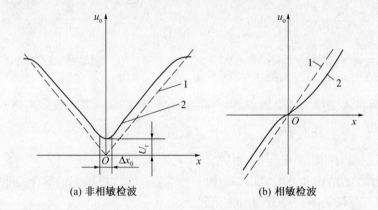

(a) 非相敏检波　　　　　　　　(b) 相敏检波

图 4-1-12　输出电压特性曲线

1—理想特性曲线；2—实际特性曲线。

2）差动整流电路

差动整流电路如图 4-1-13 所示。差动变压器的二次侧电压分别经两个普通桥式电路整流，变成直流电压 U_{a0}、U_{b0}。由于 U_{a0}、U_{b0} 是反向串联，因此 $U_{c3} = U_{ab} = U_{a0} - U_{b0}$。该电路是以两个桥路整流后的直流电压之差作为输出的，所以，称为差动整流电路。图 4-1-13 中 RP 是用来微调电路平衡的。C_3、C_4、R_3、R_4 组成低通滤波电路，要求时间常数 τ 必须大于 U_i 的周期 10 倍以上。集成运放 A 与 R_{21}、R_{22}、R_f、R_{23} 组成差动减法放大器，用于克服 a、b 两点对地的共模电压。

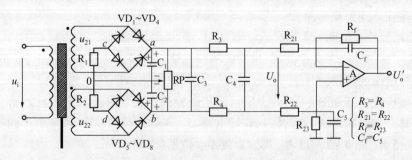

图 4-1-13　差动整流电路

（1）当衔铁在中间位置时，$U_{21} = U_{22}$，$U_{a0} = U_{b0}$，$U_0 = 0$。

（2）当衔铁由中间位置向上移动时，$U_{21} > U_{22}$，$U_{a0} > U_{b0}$，U_0 为正且正向增加。

（3）当衔铁由中间位置向下移动时，$U_{21} < U_{22}$，$U_{a0} < U_{b0}$，U_0 为负且负向增加。

由此可见，该电路将位移的变化转换成了输出电压的变化，并且输出电压既能反映位移的大小，又能反映位移的方向。

知识运用

一、电感式传感器实现位移的检测

自感式传感器和差动变压器式传感器主要用于位移测量。

1. 合理选择电感传感器

根据测微仪的检测范围及灵敏度要求，结合电感式传感器的相关知识，选用差动螺线管式电感传感器作为测微仪的检测头。

2. 正确使用电感式传感器

1）电感测微仪及其测量电路

电感测微仪的轴向式测头及其系统原理框图如图 4 - 1 - 14 所示。测量时，被测轴承直径的微小变化带动测量杆和衔铁一起在差动线圈中移动，从而使两线圈的电感产生差动变化，接入交流电桥，经过放大、相敏检波即可得到反映位移量大小和方向的直流输出信号。这种测微仪的动态测量范围可达 ±1mm，分辨率可达 1μm，精度可达 3%。

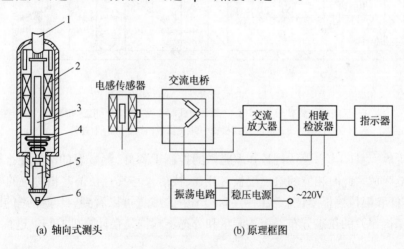

(a) 轴向式测头　　　　　(b) 原理框图

图 4 - 1 - 14　电感式测微原理框图

1—引线；2—线圈；3—衔铁；4—测力弹簧；5—测杆；6—测端。

2）使用注意事项

（1）传感器探头和测杆不能有任何变形和弯曲。

（2）探头与被测物体要垂直接触。

（3）系统接线牢固，接触良好。

（4）安装测微头时，应调节夹持位置，使位移变化不超出测量范围。

二、电感式滚柱直径分选装置的实现

在装配轴承滚柱时,为保证轴承的质量,一般要先对滚柱的直径进行分选,各滚柱直径的误差在几个微米。用人工测量和分选轴承用滚柱的直径是一项十分费时且容易出错的工作,因此可选用电感测微仪进行微位移的检测,实现滚柱直径的自动分选。

图4-1-15所示的是电感式滚柱直径自动分选装置的示意图。由机械排序装置(振动料斗)送来的滚柱按顺序进入落料管。电感测微仪的测杆在电磁铁的控制下,先是提升到一定的高度。气缸推杆将滚柱推入电感测微仪测头正下方(电磁限位挡板决定了滚柱的前后位置),电磁铁释放,钨钢测头向下压住滚柱(滚柱的直径决定了衔铁的位移量),电感式传感器的输出信号经相敏检波后送到计算机,从而计算出直径的偏差值。

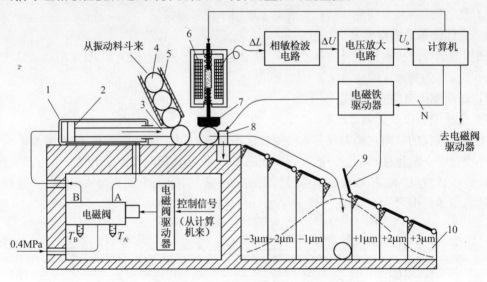

图4-1-15　电感式滚柱直径自动分选装置
1—气缸;2—活塞;3—推杆;4—被测滚柱;5—落料管;6—电感测微仪;
7—钨钢测头;8—限位挡板;9—电磁翻板;10—容器(料斗)。

完成测量后,测杆上升,限位挡板在电磁铁的控制下移开,测量好的滚柱在推杆的再次推动下离开测量区域。此时相应的电磁翻板打开,滚柱落入与其直径偏差相对应的容器(料斗)中。同时,推杆和限位挡板复位。从图4-1-15中的虚线可以看到,批量生产的滚柱直径偏差概率符合随机误差的正态分布。上述测量和分选步骤均是在计算机控制下进行的。

■知识拓展

差动变压器不仅可以直接测量位移,而且还可以测量与位移有关的其他机械量,如振动、加速度、力、压力、压差和厚度等。

一、差动变压器实现振动和加速度的测量

图4-1-16为振动传感器及其测量电路。衔铁受振动和加速度的作用,使弹簧受力变形。与弹簧联接的衔铁的位移大小反映了振动的幅度和频率以及加速度的大小。

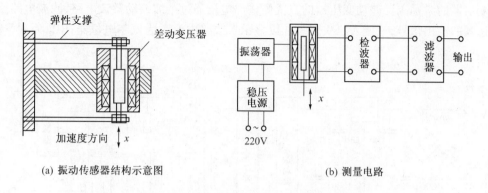

(a) 振动传感器结构示意图　　　　　　　　　(b) 测量电路

图 4-1-16　振动传感器及其测量电路

二、差动变压器实现力和压力的测量

图 4-1-17 是差动变压器式力传感器。当力作用于传感器时,弹性元件产生变形,从而导致衔铁相对线圈移动。线圈电感量的变化通过测量电路转换为输出电压,其大小反映了受力的大小。

图 4-1-18 为差动变压器式压力变送器结构图。它适用于测量各种生产流程中的液体、水蒸气及气体压力。其中,膜盒由两片波纹膜片焊接而成。波纹膜片是一种压有同心波纹的圆形薄膜。当膜片四周固定,两侧面存在压差时,膜片将弯向压力低的一侧,因此能够将压力变换为直线位移。

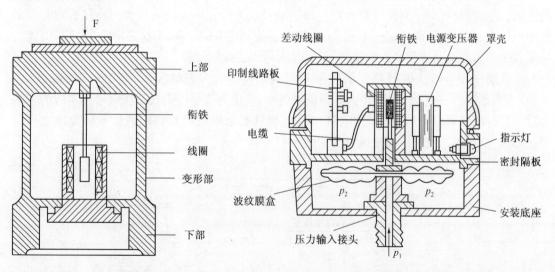

图 4-1-17　差动变压器式力传感器　　　图 4-1-18　差动变压器式压力变送器结构图

在无压力作用时,膜盒在初始状态,与膜盒联接的衔铁位于差动变压器线圈的中间位置,因而传感器输出电压为零。当被测压力由接头输入膜盒后,膜盒的自由端便产生正比于被测压力的位移,且带动衔铁在垂直方向向上移动,因此差动变压器产生一正比于被测压力的输出电压。此电压经过安装在印制线路板上的电子线路处理后,送给二次仪表加以显示。

差动变压器进行压力测试的测量电路如图 4-1-19 所示。220V 交流电压通过降压、整流、滤波、稳压后,由多谐振荡器及功率驱动电路转变为 6V/2kHz 的稳频、稳幅交流电压,作为差动变压器的激励源。差动变压器的二次侧输出电压通过半波差动整流电路、滤波电路后，作为变送器的输出信号，可接入二次仪表加以显示。线路中 RP_1 为调零电位器，RP_2 为调量程电位器。

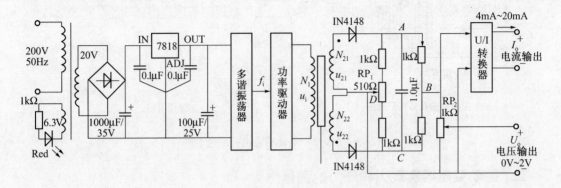

图 4 - 1 - 19　差动变压器压力测试的测量电路

图 4 - 1 - 18 所示的压力变送器已经将传感器与信号处理电路组合在一个壳体中，这在工业中被称为一次仪表。一次仪表的输出信号可以是电压，也可以是电流。由于电流信号不易受干扰，且便于远距离传输（可以不考虑线路压降），所以，在一次仪表中多采用电流输出型。

新的国家标准规定电流输出为 4mA ~ 20mA，电压输出为 1V ~ 5V（旧标准为 0mA ~ 10mA，0V ~ 2V）。4mA 对应于零输入，20mA 对应于满度输入。不使信号占有 0mA ~ 4mA 这一范围的原因，一方面是有利于判断线路故障（开路）或仪表故障；另一方面，这类一次仪表内部均采用微电流集成电路，总的耗电还不到 4mA，因此还能利用 0mA ~ 4mA 这一部分"本底"电流为一次仪表的内部电路提供工作电流，使一次仪表称为二线制仪表。

二线制仪表是指仪表与外界的联系只需两根导线。多数情况下，其中一根（红色）为+24V电源线，另一根（黑色）既作为电源负极引线，又作为信号传输线。在信号传输线的末端通过一只标准负载电阻（也称取样电阻）接地（也就是电源负极），将电流信号转变成电压信号。4mA ~ 20mA 二线制仪表接线方法如图 4 - 1 - 20 所示。

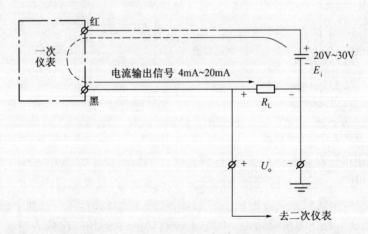

图 4 - 1 - 20　4mA ~ 20mA 二线制仪表接线图

知识总结

1. 电感式传感器是利用电磁感应原理将被测量转换成线圈自感系数或互感系数的变化，再由测量电路转换为电压或电流的变化量输出的一种装置。电感式传感器按照转换原理的不同，可分为自感式和互感式(差动变压器式)两类。

2. 自感式传感器根据变化量的不同，也可分为变隙式、变截面积式和螺线管式三种类型。它们常采用差动式结构。测量转换电路通常采用交流电桥电路，如变压器交流电桥和带相敏整流的交流电桥。

3. 差动变压器式传感器是把被测位移量转换为一次绕组与二次绕组间互感量 M 的变化的装置。当一次绕组接入激励电源后，二次绕组就会产生感应电动势，当两者间的互感量变化时，感应电动势也相应变化。由于两个二次绕组采用差动接法，所以，称为差动变压器。差动变压器式传感器输出的电压是交流量，常采用相敏检波电路和差动整流电路得到位移的大小和方向。

学习评价

本学习情境评价根据知识的学习和项目工作的完成情况进行考核评价，注重过程的考核。根据学习情境中各项任务完成的主体不同，分别对个人和小组进行考核评价，学习评价表如表 4-1-1 所列。

表 4-1-1　学习情境 4.1 考核评价表

组别		第一组			第二组			第三组		
项目任务	分值	学生 A	学生 B	学生 C	学生 D	学生 E	学生 F	学生 G	学生 H	学生 I
自感式传感器的学习	10									
差动变压器式传感器的学习	10									
电感传感器的选择和使用	15									
电感式传感器对位移的测量	15									
滚珠直径分选装置的实现	20									
学习报告书	15									
团队合作能力	15									

思考题

1. 简述电感式传感器的工作原理。

2. 自感式传感器有哪几种类型？各适用于什么场合？各有什么优点及缺点？

3. 比较差动式自感传感器与差动变压器在结构上及工作原理上的异同之处。

4. 差动式自感传感器的测量转换电路为什么经常采用带相敏整流的交流电桥电路？试分析其原理。

学习子情境 4.2：汽轮机轴向位移的监测

▌情境介绍

　　电涡流式传感器是 20 世纪 70 年代出现的一种传感器装置，是利用电涡流效应进行工作的。它的测量范围大、灵敏度高、抗干扰能力强、不受介质影响、结构简单、使用方便，且可以对一些参数进行非接触的连续测量，因此，广泛应用于工业生产和科研领域，尤其是在高速旋转的机械中，如汽轮机，测量汽轮机旋转轴的轴向位移和径向振动以及连续远距离监控等方面发挥着独特的优越性。

　　本学习子情境首先介绍电涡流效应、电涡流式传感器的工作原理、结构和性能、常用的测量转换电路。在掌握电涡流式传感器基本应用的基础上，通过利用电涡流式传感器实现对汽轮机轴向位移的监测。最后介绍电涡流式传感器的其他典型应用。

▌学习要点

　　1. 熟悉电涡流效应，掌握电涡流式传感器的工作原理；
　　2. 熟悉电涡流式传感器的结构及基本特性；
　　3. 掌握电涡流式传感器的常用测量转换电路；
　　4. 掌握电涡流式传感器的典型应用以及使用注意事项。

▌知识点拨

　　当导体处于交变磁场中时，铁芯会因电磁感应而在内部产生自行闭合的电涡流而发热。变压器和交流电动机的铁芯都是用硅钢片叠制而成的，就是为了减小电涡流，避免发热。人们也能利用电涡流做有用的工作，如金属热加工的 400Hz 中频炉、表面淬火的 2MHz 高频炉、烹饪用的电磁炉等都是利用电涡流原理而工作的。

　　电涡流式传感器是利用电涡流效应，将非电量转换成阻抗的变化而进行测量的一种传感器。它能对位移、厚度、振动、表面温度、转速、应力、材料损伤等进行非接触式连续测量，且具有体积小、灵敏度高、频率响应宽等特点，因此在工业检测中得到了越来越广泛的应用。

一、电涡流式传感器的工作原理

1. 电涡流效应

　　若将块状金属导体置于变化的磁场中，或在磁场中做切割磁力线运动，则在此块状金属导体内将会产生旋涡状的感应电流，这种旋涡状的感应电流称为电涡流，简称涡流，该现象称为电涡流效应。

　　根据电涡流效应制成的传感器称为电涡流式传感器。按照电涡流在导体内的贯穿情况，此传感器可分为高频反射式和低频透射式两类，但从基本原理上来说仍是相似的。

2. 工作原理

　　电涡流式传感器的工作原理示意图如图 4－2－1 所示。根据法拉第定律，当传感器线圈

通以正弦交变电流 $\dot{I}_1$ 时,线圈周围空间必然产生正弦交变磁场 $\dot{H}_1$,使置于此磁场的金属导体中感应电涡流 $\dot{I}_2$, $\dot{I}_2$ 又产生一个与 $\dot{H}_1$ 方向相反的交变磁场 $\dot{H}_2$。根据楞次定律,$\dot{H}_2$ 的作用必然削弱线圈磁场 $\dot{H}_1$。由于磁场 H_2 的作用,涡流要消耗一部分能量,导致传感器线圈的等效阻抗发生变化。线圈阻抗的变化取决于被测金属导体的电涡流效应,而电涡流效应既与被测体的电阻率 ρ、导磁率 μ 以及几何形状有关,还与线圈几何参数、线圈中激励电流频率 f 有关,同时还与线圈与导体间的距离 x 有关。因此,传感器线圈受电涡流影响时的等效阻抗 Z 的函数关系式为

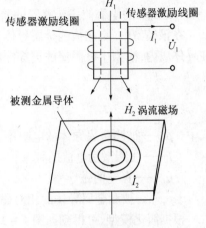

图 4 – 2 – 1　电涡流式传感器工作原理示意图

$$Z = f(\rho,\mu,r,f,x) \qquad (4-2-1)$$

式中　r——线圈与被测体的尺寸因子。

如果保持式(4 – 2 – 1)中的其他参数不变,而只改变其中一个参数,则传感器线圈阻抗 Z 就仅仅是这个参数的单值函数。通过与传感器配用的测量电路测出阻抗 Z 的变化量,即可实现对该参数的测量。

二、电涡流式传感器的结构和性能

1. 电涡流式传感器的结构

电涡流式传感器的结构主要是一个绕制在框架上的线圈,俗称电涡流探头,目前,使用比较普遍的是矩形截面的扁平线圈。线圈用多股较细的绞扭漆包线(能提高 Q 值)绕制而成,置于探头的端部,外部用聚四氟乙烯等高品质因数塑料密封,具体结构如图 4 – 2 – 2 所示。

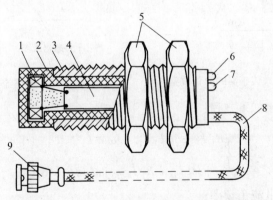

图 4 – 2 – 2　电涡流式传感器的结构图

1—电涡流线圈;2—探头壳体;3—壳体上的位置调节螺纹;4—印制线路板;5—夹持螺母;

6—电源指示灯;7—阀值指示值;8—输出屏蔽电缆线;9—电缆插头。

2. 电涡流式传感器的性能

由于电涡流式传感器的电磁过程相当复杂,所以,很难建立较为准确的数学模型,因而从

理论上分析相当困难。为了便于说明电涡流式传感器的工作原理与基本特性,一般采用如图 4 - 2 - 3 所示的电涡流式传感器的简化模型。

在该模型中,把在被测金属导体上形成的电涡流等效成一个短路环,即假设电涡流仅分布在环体以内,模型中电涡流的贯穿深度 h,可由下式求得:

$$h = \sqrt{\frac{\rho}{\pi\,\mu_0\mu_r f}} \qquad (4-2-2)$$

式中　ρ——被测金属导体的电阻率;

　　　　f——线圈激励电流的频率;

　　　　μ_0——真空的磁导率;

　　　　μ_r——被测金属导体的相对磁导率。

根据简化模型,可得到如图 4 - 2 - 4 所示的等效电路图。其中,电涡流短路环的等效电阻 R_2 由下式计算:

$$R_2 = \frac{2\pi\rho}{h\ln\dfrac{r_a}{r_i}} \qquad (4-2-3)$$

式中　r_a——电涡流环的外半径;

　　　　r_i——电涡流环的内半径。

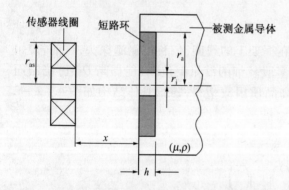

图 4 - 2 - 3　电涡流式传感器的简化模型　　　　图 4 - 2 - 4　电涡流式传感器的等效电路

根据 KVL,可以列出如下方程:

$$\begin{cases} R_1\dot{I}_1 + j\omega L_1\dot{I}_1 - j\omega M\dot{I}_2 = \dot{U}_1 \\ -j\omega M\dot{I}_1 + R_2\dot{I}_2 + j\omega L_2\dot{I}_2 = 0 \end{cases} \qquad (4-2-4)$$

式中　ω——线圈激励电流角频率;

　　　　R_1,L_1——线圈电阻和电感;

　　　　L_2——短路环等效电感;

　　　　R_2——短路环等效电阻;

　　　　M——互感系数。

由式(4 - 2 - 4)解得等效阻抗 Z 的表达式为

$$Z = \frac{\dot{U}_1}{\dot{I}_1} = R_1 + \frac{\omega^2 M^2}{R_2^2 + (\omega L_2)^2} R_2 + j\omega \left[L_1 - \frac{\omega^2 M^2}{R_2^2 + (\omega L_2)^2} L_2 \right] = R_{eq} + j\omega L_{eq}$$

$$(4-2-5)$$

式中 R_{eq}——线圈受电涡流影响后的等效电阻；

$\quad\quad L_{eq}$——线圈受电涡流影响后的等效电感。

线圈的等效品质因数 Q 值为

$$Q = \frac{\omega L_{eq}}{R_{eq}}$$

$$(4-2-6)$$

式 $(4-2-5)$ 和式 $(4-2-6)$ 为电涡流式传感器的基本特性表达式。由式 $(4-2-5)$ 可知，由于涡流的影响，线圈阻抗的实数部分增大，虚数部分减小，因此线圈 Q 值下降；同时可以看到，电涡流式传感器等效电路参数均是互感系数和电感 L_1、L_2 的函数，所以，把这类传感器也归为电感式传感器。

三、测量转换电路

电涡流式传感器的探头与被测金属之间的互感量变化可以转换为探头线圈的等效阻抗（主要是等效电感）以及品质因数 Q（与等效电阻有关）等参数的变化。因此，测量转换电路的作用就是把这些参数变换为频率、电压或电流。常用的测量转换电路有调频式、调幅式和电桥法等诸多电路。下面简要介绍调频式和调幅式测量转换电路。

1. 调频式测量转换电路

调频式测量转换电路原理框图如图 $4-2-5$ 所示。将电涡流探头线圈的电感量 L 与微调电容 C_0 构成 LC 振荡器。当电涡流线圈与被测导体之间的距离 x 改变时，由于电涡流的影响，电涡流线圈的电感量 L 也随之改变，从而引起 LC 振荡器的输出频率的改变。该频率可直接用计算机测量。如果要用模拟仪表进行显示或记录时，必须使用鉴频器，将 Δf 转换为电压 ΔU。

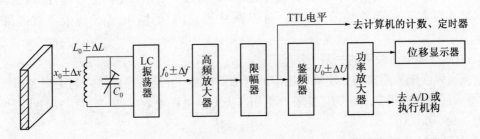

图 $4-2-5$　调频式测量转换电路原理框图

2. 调幅式测量转换电路

调幅式测量转换电路原理框图如图 $4-2-6$ 所示。石英晶体振荡器通过耦合电阻 R，向由电涡流探头线圈和一个微调电容 C_0 组成的并联谐振回路提供一个稳频稳幅的高频激励信号，相当于一个恒流源。LC 回路输出电压为

$$U_o = I_i f(Z)$$

$$(4-2-7)$$

式中 Z——LC 回路的阻抗。

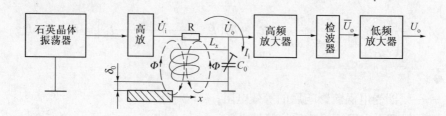

图 4 - 2 - 6　调幅式测量转换电路原理框图

当没有被测金属导体或者被测金属导体距探头相当远时,LC 并联谐振电路处于谐振状态,此时谐振回路的 Q 值和阻抗 Z 最大,恒定电流 I_i 在 LC 并联谐振回路上的压降 U_o 也最大。当金属导体靠近电涡流探头线圈时,由于涡流效应使谐振回路的品质因数 Q 值下降,线圈的等效电感量 L 随之发生变化,导致回路失谐,从而使输出电压降低。这样,在一定范围内,输出电压幅值与距离 x 呈近似线性关系。

谐振回路的输出电压为高频载波信号,信号较小,因此设有高频放大、检波和低频放大等环节,使输出信号便于传输与测量。

■ 知识运用

一、电涡流式传感器的使用

电涡流式传感器是以改变其与被测金属物体之间的磁耦合程度为测试基础的,传感器线圈装置仅为实际测试系统的一部分,而另一部分是被测体,因此,电涡流式传感器在实际使用时还必须注意以下问题。

1. 电涡流的径向形成范围

线圈电流所产生的磁场不能涉及到无限大的范围,电涡流密度也有一定的径向形成范围。在线圈轴线附近,电涡流的密度非常小,越靠近线圈的外径处,电涡流的密度越大,而在等于线圈外径 1.8 倍处,电涡流密度将衰减到最大值的 5%。为了充分利用涡流效应,被测金属导体的横向尺寸应大于线圈外径的 1.8 倍;对于圆柱形被测物体,其直径应大于线圈外径的 3.5 倍。

2. 电涡流强度与距离的关系

电涡流强度随着距离与线圈外径比值的增加而减小,当线圈与导体之间距离大于线圈半径时,电涡流强度已很微弱。为了能够产生相当强度的电涡流效应,通常取距离与线圈外径的比值为 0.05～0.15。

3. 电涡流轴向贯穿深度的影响

电涡流不仅沿导体径向分布不均匀,而且导体内部产生的涡流由于趋肤效应,贯穿金属导体的深度也有限。仅作用于表面薄层和一定的径向范围内,磁场进入金属导体后,强度随距离表面的深度增大按指数规律衰减,并且导体中产生的电涡流强度也是随导体厚度的增加按指数规律下降。

电涡流的轴向贯穿深度是指电涡流密度衰减到等于表面涡流密度的 1/e 处与导体表面的距离。电涡流在金属导体中的轴向分布是按指数规律衰减的,衰减分布规律可用下式表示:

$$J_d = J_0 e^{-\frac{d}{h}} \qquad\qquad (4-2-8)$$

式中　d——金属导体中某一点与表面的距离；

　　　J_d——沿 H1 轴向 d 处的电涡流密度；

　　　J_0——金属导体表面电涡流密度，即电涡流密度最大值；

　　　h——电涡流轴向贯穿深度（趋肤深度）。

为充分利用电涡流以获得准确的测量效果，使用时应注意以下两个问题：

（1）导体厚度的选择。利用电涡流式传感器测量距离时，应使导体的厚度远大于电涡流的轴向贯穿深度；采用透射法测量厚度时，应使导体的厚度小于轴向贯穿深度。

（2）励磁电源频率的选择。励磁电源频率一般设定在 100kHz ～ 1MHz。导体材料确定后，可以通过改变励磁电源频率来改变轴向贯穿深度。电阻率大的材料应选用较高的励磁频率，电阻率小的材料应选用较低的励磁频率。

4. 非被测金属物的影响

由于任何金属物体接近高频交流线圈时都会产生涡流，所以，为了保证测量精度，测量时应禁止其他金属物体接近电涡流式传感器的线圈。

二、电涡流传感器进行汽轮机轴向位移监测的实现

高速旋转的汽轮机对轴向位移的要求很高。当汽轮机运行时，叶片在高压蒸汽推动下高速旋转，它的主轴承受巨大的轴向推力。若主轴的位移超过规定值时，叶片有可能与其他部件碰撞而断裂。电涡流式传感器的主要用途之一就是测量金属件的静态或动态位移，最大量程可达数百毫米，分辨率为 0.1%。因此，可以采用电涡流式传感器来监测汽轮机的轴向位移。

汽轮机轴向位移测量示意图如图 4 - 2 - 7 所示。接通电源后，在电涡流探头的有效面（感应工作面）将产生一个交变磁场。当被测轴接近此感应面时，金属表面将吸取电涡流探头中的高频振荡能量，使振荡器的输出幅度线性地衰减，根据衰减量的变化，即可监测汽轮机的轴向位移。

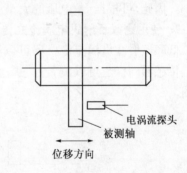

电涡流探头
被测轴
位移方向

图 4 - 2 - 7　汽轮机轴向位移测量示意图

汽轮机轴向位移监测系统主要由电涡流式探头、前置器、监视器组成。前置器内部有石英晶体振荡器、向探头的端部线圈提供稳频稳幅的高频电流。前置器还将检测线圈的输出电压进行放大、检测等处理。最后，前置器输出与检测距离相应的输出电压（稳态时为直流）。监视器将前置器输出信号进行处理，以满足检测指示、越限报警的需要。轴向位移的监测如图 4 - 2 - 8 所示。

在设备停机检修时，将探头安装在与联轴器端面 2mm 距离的机座上，调节二次仪表使示值为零。当汽轮机启动后，长期监测其轴向位移量。由于轴向推力和轴承的磨损使探头与联轴器端面的间隙 δ 减小，所以，二次仪表的输出电压从零开始增大。可调整二次仪表面板上的报警设定值，使位移量达到危险值时，二次仪表发出报警信号；当位移量达到危险极值时，发出停机信号以避免事故发生。

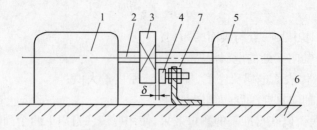

图 4 - 2 - 8 轴向位移的监测
1—汽轮机；2—主轴；3—联轴器；4—电涡流探头；5—发电机；6—基座；7—加紧螺母。

■ 知识拓展

一、电涡流传感器实现厚度测量

1. 使用低频透射式电涡流传感器进行厚度测量

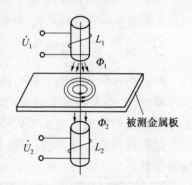

低频透射式电涡流传感器厚度测量的结构原理图如图 4 - 2 - 9 所示。在被测金属板的上方设有发射传感器线圈 L_1，在被测金属板下方设有接收传感器线圈 L_2。当在 L_1 上加低频电压 U_1 时，L_1 上产生交变磁通 Φ_1。若两线圈间无金属板，则交变磁通直接耦合至 L_2 中，L_2 产生感应电压 U_2。如果将被测金属板放在两线圈之间，则 L_1 线圈产生的磁场将导致在金属板中产生电涡流，并将贯穿金属板，此时磁场能量受到损耗，使到达 L_2 的磁通将减弱为 Φ_2，从而使 L_2 产生的感应电压 U_2 下降。金属板越厚，涡流损失越大，电压 U_2 就越小。因此，可根据 U_2 电压的大小测得被测金属板的厚度。

图 4 - 2 - 9 低频透射式电涡流
传感器厚度测量的结构原理图

2. 使用高频反射式电涡流式传感器进行厚度测量

低频透射式电涡流传感器可以测量厚度，高频反射式电涡流传感器同样也可以测量厚度。图 4 - 2 - 10 为高频反射式电涡流传感器测厚仪的原理框图。

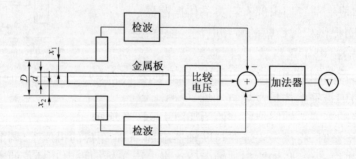

图 4 - 2 - 10 高频反射式电涡流传感器测厚仪的原理框图

在被测金属板两侧对称放置两个特性相同的电涡流传感器，间距为 D。工作时，分别测得与被测金属板间距为 X_1 和 X_2，由图 4 - 2 - 10 可得金属板厚度 $d = D - (X_1 + X_2)$。将间距 X_1 和 X_2 转换为电压值相加，再与两传感器间距 D 对应的电压值相减，即可得到与金属板厚度 d 对应的电压值。

二、电涡流传感器实现转速测量

电涡流式传感器测量转速的原理如图4-2-11所示。测量轴的转速时,在被测轴的一端上齿轮盘或在轴上开槽,电涡流式传感器置于齿轮盘的齿顶。

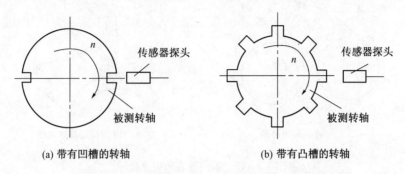

(a) 带有凹槽的转轴　　　　　　　　(b) 带有凸槽的转轴

图4-2-11　电涡流式传感器转速测量原理图

当测量轴转动时,电涡流式传感器周期地改变着与旋转轴表面之间的距离,于是它的输出电压也周期性地发生变化,此脉冲电压信号经放大、变换后,可以用频率计测出其变化的重复频率,从而测出转轴的转速。转轴转速的计算公式为

$$n = \frac{f}{N} \times 60 \qquad (4-2-9)$$

式中　n——被测转速,r/min;

　　　Z——槽齿数;

　　　f——频率,Hz。

三、电涡流表面探伤

利用电涡流式传感器可以检查金属表面(已涂防锈漆)的裂纹以及焊接处的缺陷等。在探伤中,传感器应与被测导体保持距离不变。检测过程中,由于缺陷将引起导体电导率、磁导率的变化,使电涡流I_2变小,从而引起输出电压突变。

图4-2-12是用电涡流探头检测高压输油管表面裂纹的示意图。两只导向辊由耐磨、不导电的聚四氟乙烯制作而成,有的表面还刻有螺旋导向槽,并以相同的方向旋转。油管在它们的驱动下,匀速地在楔形电涡流探头下方作360°转动,并向前挪动。探头对油管表面逐点扫描,得到图4-2-13(a)的输出信号。当油管存在裂纹时,电涡流所走的路程大为增加(图4-2-12(b)),所以,电涡流突然减小,输出波形如图4-2-13(a)中的"尖峰"。该信号十分紊乱,用肉眼很难分辨出缺陷性质。

将该信号通过带通滤波器,滤去表面不平整、抖动等因素造成的输出异常后,得到图4-1-13(b)中的两个尖峰信号。调节电压比较器的阈值电压,得到真正的缺陷信号,图4-2-13(a)为时域信号,计算机还可以根据图4-2-13(a)的信号计算电涡流探头线圈的阻抗,得到如图4-2-13(c)所示的"8"字花瓣状阻抗图。根据该复杂的阻抗图判断出裂纹的长短、深浅、走向等参数。其中的黑色边框为反视报警区。当"8"字花瓣图形超出报警区即视为超标,产生报警信号。

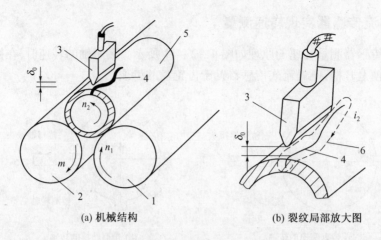

(a) 机械结构　　　　　　　(b) 裂纹局部放大图

图 4 - 2 - 12　输油管表面裂纹检测

1,2—导向辊；3—楔形电涡流探头；4—裂纹；5—输油管；6—电涡流。

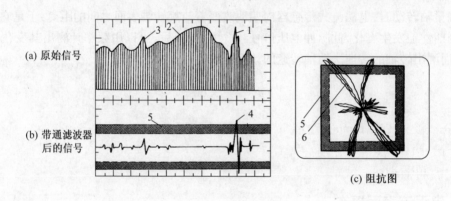

(a) 原始信号

(b) 带通滤波器
后的信号

(c) 阻抗图

图 4 - 2 - 13　探伤输出信号

1—尖峰信号；2—摆动引起的伪信号；3—可忽略的小缺陷；
4—裂纹信号；5—反视报警框；6—花瓣阻抗图。

知识总结

1. 若将块状金属导体置于变化的磁场中，或在磁场中做切割磁力线运动，则在此块状金属导体内将会产生旋涡状的感应电流的现象称为电涡流效应。根据电涡流效应制成的传感器称为电涡流式传感器。

2. 电涡流式传感器的探头与被测金属之间的互感量变化可以转换为探头线圈等效阻抗（主要是等效电感）以及品质因数 Q（与等效电阻有关）等参数的变化。因此，测量转换电路的作用就是把这些参数变换为频率、电压或电流。常用的测量转换电路有调频式电路和调幅式电路两种。

3. 电涡流式传感器利用电涡流效应，将非电量转换成阻抗的变化而进行测量的一种传感器。它能对位移、厚度、转速、材料损伤等进行非接触式连续测量，在工业检测中得到了越来越广泛的应用。

学习评价

本学习情境评价根据知识的学习和项目工作的完成情况进行考核评价，注重过程的考核。根据学习情境中各项任务完成的主体不同，分别对个人和小组进行考核评价，学习评价表如表 4-2-1 所列。

表 4-2-1 学习情境 4.2 考核评价表

组别		第一组			第二组			第三组		
项目任务	分值	学生 A	学生 B	学生 C	学生 D	学生 E	学生 F	学生 G	学生 H	学生 I
电涡流传感器原理和结构的学习	10									
测量转换电路的学习	10									
电涡流传感器的使用	15									
电涡流传感器对位移的测量	15									
汽轮机轴向位移监测的实现	20									
学习报告书	15									
团队合作能力	15									

思考题

1. 简述什么是电涡流效应及其应用。
2. 简述电涡流式传感器的基本工作原理。
3. 简要分析调频式测量转换电路的工作过程。
4. 简述电涡流式传感器的主要用途及使用时的注意事项。

学习子情境 4.3：数控机床位移的控制

情境介绍

数控机床的进给运动为三坐标运动，即各自沿笛卡儿坐标系的 x, y, z 轴的正负方向移动。在闭环伺服系统中，位置伺服控制室以直线位移或转角位移为控制对象，通过检测机床的位移量建立反馈，使伺服系统控制电机向减小偏差的方向运动。因此位移检测的准确性决定了加工精度。

光栅传感器是根据莫尔条纹原理制成的一种脉冲输出数字式传感器，它具有测量精度高等一系列优点，因此被广泛应用于数控机床等闭环系统的线位移和角位移的精密测量和数控系统的位置检测等。光栅传感器还可以检测能够转换为长度的速度、加速度、位移等其他物理量。本学习子情境首先介绍光栅的类型和结构、莫尔条纹的形成原理和特点，在掌握辨向和细分技术的基础上，通过利用光栅传感器实现对数控机床位移的控制。最后介绍光栅传感器的其他典型应用。

■ 学习要点

1. 了解光栅的结构与类型；
2. 掌握莫尔条纹的形成原理和特点；
3. 掌握光栅传感器测量位移的原理；
4. 掌握辨向原理和细分技术；
5. 了解光栅传感器的典型应用。

■ 知识点拨

光栅传感器由照明系统(光源和透镜组成)、光栅副(主光栅和指示光栅组成)、光敏元件和转换电路等组成，它实际上是光电传感器的一个特殊应用。由于光栅传感器的原理简单、测量精度高、响应速度快、易于实现自动化和数字化等优点，因而在机械工业中得到了广泛的应用。

一、光栅的结构和类型

光栅由标尺光栅(主光栅)和指示光栅两部分组成。它是在两块光学玻璃上或具有强反射能力的金属表面上，刻有等宽等间距的均匀密集的平行刻痕细线。每条刻痕处是不透光的，而两条刻痕之间的狭缝是透光的，光栅的刻痕密度一般为 10 条/mm、25 条/mm、50 条/mm、100 条/mm。

从光栅的光线走向来看，光栅可分为透射式光栅和反射式光栅两类，均由光源、光栅副、光敏元件三大部分组成。光敏元件可以是光敏二极管，也可以是光电池。光栅副由栅距相等的主光栅和指示光栅组成，它们相互重叠，又不完全重合，两者之间保持很小的间隙(0.05mm 或 0.1mm)。透射式光栅一般用光学玻璃作基体，在其上均匀地刻划出间距、宽度相等的条纹，形成连续的透光区和不透光区，如图 4-3-1(a)所示。反射式光栅一般使用不锈钢作基体，在其上用化学方法制作出黑白相间的条纹，形成强反光区和不反光区，如图 4-3-1(b)所示。

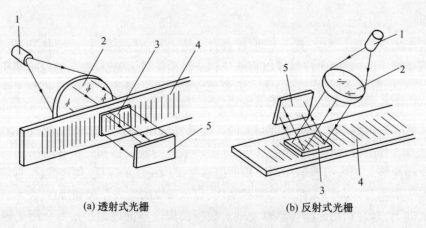

(a) 透射式光栅   (b) 反射式光栅

图 4-3-1 光栅的结构示意图

1—光源；2—透镜；3—指示光栅；4—标尺光栅；5—光敏元件。

光栅按形状可分为长光栅和圆光栅,光栅条纹如图 4-3-2 所示。其中,平行等距的刻线称为栅线,a 为不透光区的宽度,b 为透光区的宽度,一般情况下 $a = b$。$a + b = W$ 称为光栅栅距(也称光栅节距或光栅常数),它是光栅的一个重要参数。常见的长光栅的线纹密度为 25 条/mm、50 条/mm、100 条/mm、125 条/mm、250 条/mm。对于圆光栅,两条相邻刻线的中心线之夹角称为角夹距 r。这些刻线是等栅距角的向心条纹,整圆内的栅线数一般为 5400 条 ~ 64800 条。

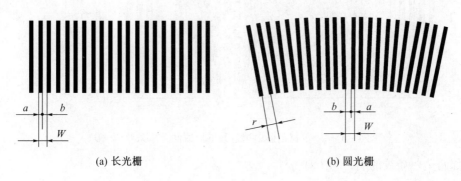

(a) 长光栅 (b) 圆光栅

图 4-3-2　光栅条纹

长光栅用于直线位移测量,因此又称直线光栅;圆光栅用于角度位移测量,两者工作原理基本相似。图 4-3-3 为直线透射式光栅测量示意图。在长光栅中标尺光栅固定不变,而指示光栅安装在运动部件上,所以,两者之间形成相对运动。在圆光栅中,指示光栅通常固定不变,而标尺光栅随轴转动。

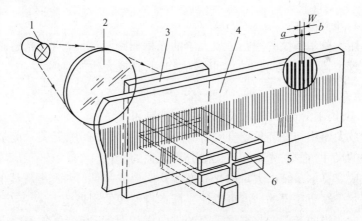

图 4-3-3　直线透射式光栅测量示意图

1—光源;2—透镜;3—指示光栅;4—标尺光栅;5—零位光栅;6—光敏元件。

二、光栅的工作原理

光栅是利用物理上莫尔条纹的形成原理进行工作的。在透射式直线光栅中,把两光栅的刻线面相对叠合在一起,中间留有很小的间隙,并使两者的栅线保持很小的夹角 θ。在两光栅刻线的重合处,光从缝隙透过,形成亮带,如图 4-3-4 中 $a-a$ 线所示。在两光栅刻线的错开处,由于相互挡光的作用而形成暗带,如图 4-3-4 中 $b-b$ 线所示。这种亮带和暗带形成明暗相间的条纹称为莫尔条纹,条纹方向与刻线方向近似垂直。

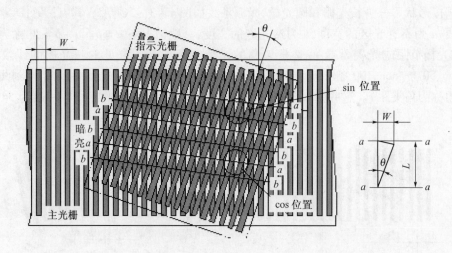

图 4 - 3 - 4　等栅距黑白透射光栅形成的莫尔条纹($\theta \neq 0$)

相邻两莫尔条纹的间距为 L,其表达式为

$$L = W/\sin\theta \approx W/\theta \qquad (4 - 3 - 1)$$

式中　W——光栅栅距;

　　　　θ——两光栅刻线夹角,必须以弧度表示,式(4-3-1)才成立。

当两光栅在栅线垂直方向相对移动一个栅距 W 时,莫尔条纹则在栅线方向移动一个莫尔条纹间距 L。通常在光栅的适当位置(如图 4 - 3 - 4 中 sin 位置或 cos 位置)安装光敏元件。

莫尔条纹具有如下特性:

(1) 放大作用。莫尔条纹的间距是放大了的光栅栅距,它随着两块光栅栅线之间的夹角而改变。由于 θ 较小,所以具有明显的光学放大作用,其放大比为

$$K = L/W \approx 1/\theta \qquad (4 - 3 - 2)$$

光栅栅距很小,肉眼分辨不清,而莫尔条纹却清晰可见。

光栅的光学放大作用与安装角度有关,而与两光栅的安装间隙无关。莫尔条纹的宽度必须大于光敏元件的尺寸,否则,光敏元件无法分辨光强的变化。

(2) 平均效应。莫尔条纹由大量的光栅栅线共同形成,所以,对光栅栅线的刻划误差有平均作用。通过莫尔条纹所获得的精度可以比光栅本身栅线的刻划精度还要高。

(3) 运动方向。当两光栅沿与栅线垂直的方向做相对运动时,莫尔条纹则沿光栅刻线方向移动(两者运动方向垂直);光栅反向移动,莫尔条纹也反向移动。在图 4 - 3 - 4 中,当指示光栅向右移动时,莫尔条纹则向上移动。

(4) 对应关系。当指示光栅沿 x 轴自左向右移动时,莫尔条纹的亮带和暗带($a - a$ 线和 $b - b$ 线)将顺序自下而上(y 方向)不断掠过光敏元件。光敏元件接收到的光强变化近似于正弦波变化。光栅移动一个栅距 W,光强变化一个周期,如图 4 - 3 - 5 所示。

(5) 莫尔条纹移过的条纹数等于光栅移过的栅线数。例如,采用 100 线/mm 光栅时,若光栅移动了 $x$mm(移过了 $100x$ 条光栅栅线),则从光敏元件前掠过的莫尔条纹数也为 $100x$ 条。由于莫尔条纹间距比栅距宽得多,所以能够被光敏元件识别。将此莫尔条纹产生的电脉冲信号计数,就可知道移动的实际位移。

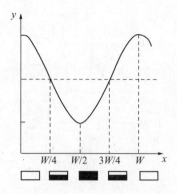

图 4-3-5　光栅位移与光强及输出电压的关系

三、辨向和细分技术

光敏元件接收光信号后，由光电转换电路转换为电信号，再经过后续的测量电路输出反映位移大小、方向的脉冲信号。图 4-3-6 为光栅传感器测量电路的原理框图。

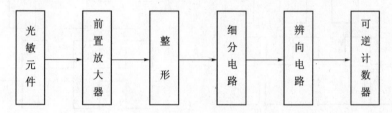

图 4-3-6　光栅传感器测量电路原理框图

1. 辨向原理

如果传感器只安装一套光敏元件，在实际应用中，无论光栅做正向移动还是反向移动，光敏元件都产生相同的正弦信号，是无法分辨移动方向的。为此，必须设置辨向电路。

为了辨向，通常可以在沿光栅线的 y 方向上相距$(m \pm 1/4)L($相当于电角度 1/4 周期）的距离处设置 sin 和 cos 两套光电元件，如图 4-3-4 中的 sin 和 cos 位置。这样就可以得到两个相位相差 π/2 的电信号 U_{os} 和 U_{oc}，经放大、整形后得到 U'_{os} 和 U'_{oc} 两个方波信号，分别送到如图 4-3-7(a)所示的辨向电路中。从图 4-3-7(b)可以看出，在指示光栅向右移动时，U'_{os} 的上升沿经 R_1、C_1 微分后产生的尖脉冲正好与 U'_{oc} 的高电平相与。IC_1 处于开门状态，与门 IC_1 输出计数脉冲，并送到计数器的 UP 端（加法端）做加法计数，而 U'_{os} 经 IC_3 反相后产生的微分尖脉冲正好被 U'_{oc} 的低电平封锁，与门 IC_2 无法产生计数脉冲，始终保持低电平。

反之，当指示光栅向左移动时，由图 4-3-7(c)可知，IC_1 关闭，IC_2 产生计数脉冲，并被送到计数器的 DOWN 端（减法端），做减法计算，从而达到辨别光栅正、反方向移动的目的。

2. 细分技术

由前面分析可知，当两光栅相对移动一个栅距 W，莫尔条纹移动一个间距 L，与门输出一个计数脉冲，则它的分辨力为一个光栅栅距 W。为了提高分辨力，一个方法是采用增加刻线密度的来减少栅距，但这种方法受到制造工艺或成本的限制；另一种方法是采用细分技术，在不增加刻线数的情况下提高光栅的分辨力，即在光栅每移动一个栅距，莫尔条纹变化一个周期时，不是输出一个脉冲，而是输出均匀分布的 n 个脉冲，从而使分辨力提高到 W/n。细分越多，

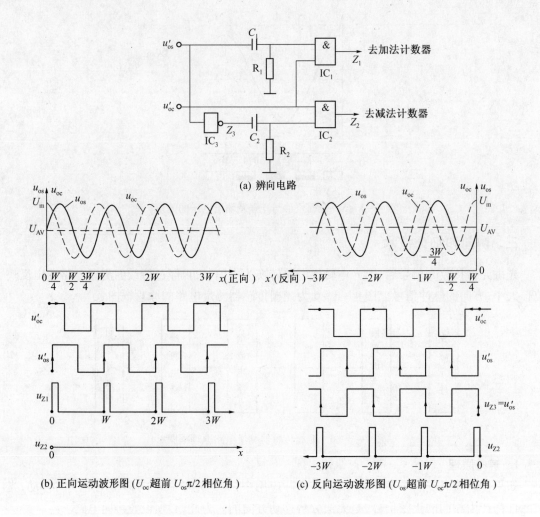

图 4 - 3 - 7　辨向逻辑电路原理图

分辨率越高。由于细分后计数脉冲的频率提高了,因此细分又称为倍频。

　　通常采用的细分方法有四倍频、十六倍频法。下面简要介绍四倍频法。

　　四倍频细分实现的方法有两种:一种方法是在莫尔条纹宽度内依次放置 4 个光电元件,当莫尔条纹移动时,4 个光电元件依次输出相位差 90°的电压信号,经过零比较器鉴别出 4 个信号的零电平,并发出计数脉冲,即 1 个莫尔条纹周期内发出 4 个脉冲,实现了四细分;另一种方法是采用在相距 $L/4$ 的位置上,放置两个光电元件,首先得到相位差 90°的两路正弦信号 s 和 c,然后将此两路信号送入图 4 - 3 - 8(a)所示的细分辨向电路。这两路信号经过放大器放大,再由整形电路整形为两路方波信号,并将这两路信号各反向一次,就可以得到四路相位,依次为 0°、90°、180°、270°的方波信号,经过 RC 微分电路输出 4 个尖脉冲信号。当指示光栅正向移动时,4 个微分信号分别和有关的高电平相与。同辨向原理中阐述的过程相类似,可以在一个 W 的位移内,在 IC_1 的输出端得到 4 个加法计数脉冲,如图 4 - 3 - 8(b)中 U_{Z1} 波形所示,而 IC_2 保持低电平。与图 4 - 3 - 7(b)比较,当光栅移动一个栅距 W 时,可以产生 4 个脉冲信号;反之,就在 IC_2 的输出端得到 4 个减法脉冲。这样,可逆计数器的计数值就能正确地反映光栅的位移值。

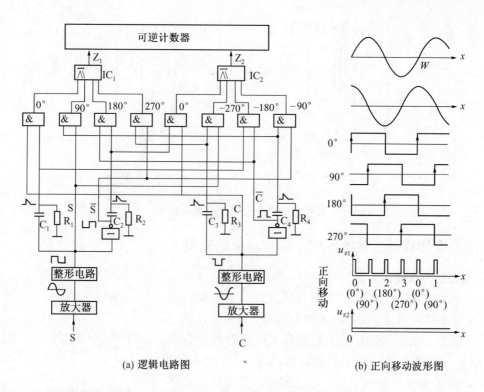

(a) 逻辑电路图   (b) 正向移动波形图

图4-3-8　四倍频细分原理

知识运用

一、光栅传感器的使用

1. 光栅传感器的安装与调试

从光栅的使用寿命考虑，一般将主光栅尺安装在机床或设备的运动部件上，而读数头则安装在固定部件上；反之亦可，但对读数头引出电缆线的固定要采取保护措施。合理的安装方式还要考虑切削冷却液等的溅向问题，以防止它们侵入光栅内部。

光栅传感器对安装基面也有一定要求，不能直接固定在粗糙不平或涂漆的床身上。安装基面的直线度误差小于等于0.1mm/m，表面粗糙度$Ra \leqslant 6.3\mu m$，与机床相应导轨的平行度误差在全长范围内小于等于0.1mm。如达不到此要求，则要求制作专门的光栅主尺尺座和一个与尺身基座等高的读数头基座，两者之间的要求如图4-3-9所示。

2. 使用光栅传感器应注意的几个问题

（1）插拔读数头与数显表的连接插头时应关闭电源；

（2）在有油污、铁屑的使用环境中，建议采用防护罩，对主尺要全部防护；

（3）使用过程中应及时清理溅落在测量装置上的切屑和冷却液，严防异物进入壳体内部；

（4）应避免在严重腐蚀环境中工作；

（5）为防止工作台移动超过光栅尺长度而撞坏读数头，可在机床导轨上安装限位装置。此外，在购买光栅尺时，其测量长度应大于工作台的最大行程。

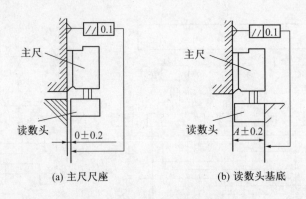

(a) 主尺尺座　　　　　(b) 读数头基底

图 4 - 3 - 9　光栅传感器的基座

二、光栅传感器在数控机床位移控制中的应用

1. 合理选择光栅传感器

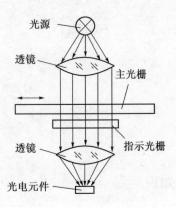

图 4 - 3 - 10　直线光栅位移
传感器的结构示意图

根据光栅传感器的相关知识,数控机床的位移控制可选用直线光栅位移传感器。图4 - 3 - 10为直线光栅位移传感器的结构示意图。光源、透镜、指示光栅和光电元件固定在机床床身上,主光栅固定在机床的运动部件上,可往复移动。安装时,指示光栅和主光栅要有一定的间隙。光栅位移传感器的光源一般为钨丝白炽灯或发光二极管;光电元件为光电池或光电三极管。

2. 光栅位移传感器在数控机床位移控制中的应用

1）工作原理

当机床工作时,两光栅相对移动便产生莫尔条纹。该条纹随光栅以一定的速度移动,光电元件就检测到莫尔条纹亮度的变化,转换为周期性变化的电信号,通过后续放大、转换处理电路后送入显示器,直接显示被测位移的大小。

2）直线光栅位移传感器的安装

(1) 传感器应尽量安装在靠近设备工作台的床身基面上。

(2) 根据设备的行程选择传感器的长度,光栅传感器的有效长度应大于设备行程。

(3) 标尺光栅固定在机床的工作台上,随机床的走刀而动,它的有效长度即为测量范围。如长度超过 1.5m,需在标尺中部设置支撑。

(4) 读数头固定在机床上,安装在标尺光栅的下方,与标尺光栅的间隙控制在 1mm ~ 1.5mm 范围内,并尽可能避开切屑和油液的溅落。

(5) 在机床导轨上要安装限位装置,以防机床工作时标尺撞到读数头。

3）光栅位移传感器的检查

(1) 光栅位移传感器安装完毕后,接通数显表,移动工作台,观察读数是否变化。

(2) 在机床任选一点,来回移动工作台,回到起始点,数显表读数应相同。

(3) 使用千分表和数显表同时检测工作台的移动值,比对后进行校正,确保数显表测量正确。

知识拓展

一、光栅数显表

图 4 – 3 – 11 为微机光栅数显表的组成框图。在微机光栅数显表中，放大、整形采用传统的集成电路，辨向、细分可由微机来完成。

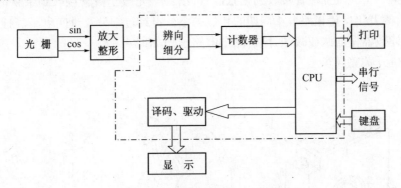

图 4 – 3 – 11　微机光栅数显表的组成框图

光栅数显表在机床进给运动中的应用如图 4 – 3 – 12 所示。在机床操作过程中，由于用数字显示方式代替了传统的标尺刻度读数，所以，大大提高了加工精度和加工效率。以横向进给为例，光栅读数头固定在工作台上，尺身固定在床鞍上，当工作台沿着床鞍左右运动时，工作台移动的位移量（相对值/绝对值）可通过数字显示装置显示出来。

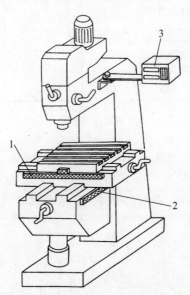

图 4 – 3 – 12　光栅数显表在机床进给运动中的应用
1—横向进给位置光栅检测；2—纵向进给位置光栅检测；3—数字显示装置。

二、轴环式光栅数显表

轴环式光栅数显表结构和测量框图如图 4 – 3 – 13 所示。它的主光栅用不锈钢圆薄片制成,可用于角位移的测量。

定片(指示光栅)固定,动片(主光栅)与外接旋转轴相联并转动。动片表面均匀地刻有500条透光条纹,如图4-3-13(b)所示。定片为圆弧形薄片,在其表面刻有两组透光条纹(每组3条),定片上的条纹与动片上的条纹成一角度θ。两组条纹分别与两组红外发光二极管和光敏三极管相对应。当动片旋转时,产生莫尔条纹亮暗信号由光敏三极管接收,相位正好相差π/2,即第一个光敏三极管接收到正弦信号,第二个光敏三极管接收到余弦信号。经整形电路处理后,两者仍保持相差1/4周期的相位关系。再经过细分及辨向电路,根据运动的方向来控制可逆计数器做加法或减法计数,测量电路框图如图4-3-13(c)所示。测量显示的零点由外部复位开关完成。

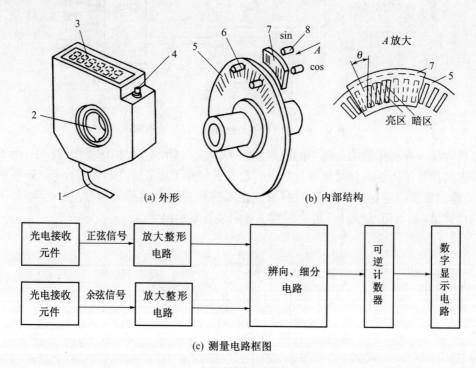

(a) 外形　　　　(b) 内部结构

(c) 测量电路框图

图4-3-13　轴环式光栅数显表

1—电源线(+5V);2—轴套;3—数字显示器;4—复位开关;
5—主光栅;6—红外发光二极管;7—指示光栅;8—光敏三极管。

知识总结

1. 光栅传感器主要由光栅、光源、光电元件和转换电路等组成。光栅传感器的原理简单、测量精度高、响应速度快、量程范围大,可实现动态测量,所以,被广泛应用于长度和角度的精密测量。

2. 光栅的分类方法很多。从光栅的光线走向来看,光栅可分为透射式光栅和反射式光栅两类。按形状可分为长光栅和圆光栅。长光栅用于直线位移测量,所以,又称直线光栅;圆光栅用于角度位移测量,两者工作原理基本相似。

3. 光栅是利用物理上莫尔条纹的形成原理进行工作的。把指示光栅平行地放在标尺光栅上面，并且使它们的刻线相互倾斜一个很小的角度，在两光栅的刻线的重合处和错开处，就会形成明暗相间的莫尔条纹。当两光栅相对移动时，光电元件从固定位置观察到的莫尔条纹的光强的变化近似于正弦波变化。光栅相对移动一个栅距，光强也变化一个周期，由此来测量位移。为了辨向，通常安装两套光电元件，即 sin 和 cos 元件，判断两路信号的相位差即可判断出指示光栅的移动方向。为了能够提高分辨率，在不增加光栅刻线数的情况下常采用细分电路。

学习评价

本学习情境评价根据知识的学习和项目工作的完成情况进行考核评价，注重过程的考核。根据学习情境中各项任务完成的主体不同，分别对个人和小组进行考核评价，学习评价表如表 4 – 3 – 1 所列。

表 4 – 3 – 1　学习情境 4.3 考核评价表

组别		第一组			第二组			第三组		
项目任务	分值	学生 A	学生 B	学生 C	学生 D	学生 E	学生 F	学生 G	学生 H	学生 I
光栅结构和原理的学习	10									
辨向和细分技术的学习	10									
光栅传感器的安装和使用	15									
光栅传感器对位移的测量	15									
数控机床位移控制的实现	20									
学习报告书	15									
团队合作能力	15									

思考题

1. 简述光栅传感器的工作原理。
2. 莫尔条纹是如何形成的？有何特点？
3. 简述光栅传感器的类型和结构。
4. 简述辨向原理和细分技术。

学习情境 5：位置的检测

学习子情境 5.1：饮料包装中液位的自动检测

■ 情境介绍

饮料包装中产品净含量是否达标是产品质量的一个重要指标。虽然在饮料灌注机上使用精确流量计来满足定量灌装的要求，但灌注机长期高速运行会导致灌注机件磨损或喷管堵塞，从而造成灌注的实际值与设定值有偏差。有些含气饮料刚灌注好时会有大量泡沫存在，如果瓶盖没盖严，饮料将会溢出，从而导致饮料实际含量偏低。所以，在实际生产中，饮料灌装好后要用液位检测仪实时检测瓶子的液位。

电容式传感器能够方便准确地检测出液位是否满足要求，本学习情境在电容传感器基本工作原理的基础上，给出了几种不同类型电容传感器的特点及使用场合。在电容传感器进行液位检测分析的基础上，给出了一种实现饮料液位自动检测的装置。

■ 学习要点

1. 理解电容传感器的工作原理；
2. 掌握电容传感器三种类型的特点及应用；
3. 熟悉电容传感器的测量转换电路；
4. 了解电容传感器的设计要点；
5. 掌握电容传感器进行液位检测的方法；
6. 熟悉饮料包装中液位自动检测的实现方法；
7. 了解电容传感器的其他应用类型。

■ 知识点拨

在前面的学习情境中，电阻、电感这两类无源器件均可用于实现相应的电阻式传感器和电感式传感器。作为电子技术的三大无源器件之一，也可以利用电容器的原理实现电容式传感器。

电容式传感器是以各种类型的电容器作为传感元件，通过电容传感元件将被测物理量的变化转化为电容量的变化，再经过测量转换电路转换为电压、电流或频率等参量。实际上，电容式传感器就是一个具有一个或几个可变参量的电容器。

电容式传感器既有一系列优点，如结构简单、能量消耗小、测量准确度高、动态特性好、造价低廉等，同时能在恶劣环境下工作。电容式传感器不但应用于位移、厚度、振动、角度、加速度等机械量的精密测量,还广泛应用于压力、液位、物位、湿度、成分含量等过程量的测量。随着微电子技术的发展,集成化的电容式传感器也发展迅速。

一、电容式传感器的工作原理

电容式传感器的基本工作原理可用如图 5-1-1 所示的平板电容器加以说明。若忽略平板电容器边缘效应的影响,根据物理学,其电容值为

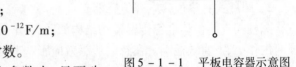

$$C = \frac{\varepsilon A}{d} = \frac{\varepsilon_0 \varepsilon_r A}{d} \qquad (5-1-1)$$

式中　A——两极板相互遮盖的有效面积;

　　　d——两极板之间的距离,又称极距;

　　　ε——电容极板间介质的介电常数;

　　　ε_0——真空介电常数,$\varepsilon_0 = 8.85 \times 10^{-12} \mathrm{F/m}$;

　　　ε_r——两极板间介质的相对介电常数。

图 5-1-1　平板电容器示意图

由式(5-1-1)可知,在 A、d、ε 三个参数中,只要改变其中一个,而保持其余两个不变,均可使电容量改变,这样就可以将参量的变换转换为电容量的变化,这就是电容式传感器的基本工作原理。在实际应用中,固定三个参量中的两个,可以做成三种类型的电容传感器,例如,改变极距 d 或面积 A 可以反映位移或角度的变化,从而间接测量压力等的变化;改变相对介电常数 ε_r 的变化则可以反映厚度、湿度的变化。

二、电容式传感器的类型和特性

根据电容式传感器的工作原理,电容式传感器可以分为三种类型:改变极板面积 A 的变面积式、改变极板距离 d 的变极距式、改变相对介电常数 ε_r 的变介电常数式。

1. 变面积式电容传感器

极板间距和介电常数为常数,而平行板电容器的面积为变量的传感器称为变面积式电容传感器。这种传感器的结构有如图 5-1-2 所示几种,可以用来测量直线位移以及角位移。

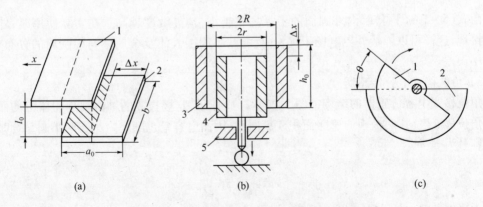

图 5-1-2　变面积式电容传感器结构示意图

1—动极板;2—定极板;3—外圆筒;4—内圆筒;5—导轨。

1）平板式直线位移电容传感器

平板式直线位移电容传感器的结构如图 5-1-2(a)所示。其中极板 1 为动极板,可以左右移动;极板 2 为定极板,固定不动。极板初始覆盖面积为 $A = a_0 \times b$,当宽度为 b 的动板沿箭头 x 方向移动 Δx 时,覆盖面积改变,电容量也随之变化。若初始电容值为 C_0,在忽略边缘效应时,电容的变化量为

$$\Delta C = \frac{\varepsilon b}{l_0}\Delta x = C_0 \frac{\Delta x}{a_0} \qquad (5-1-2)$$

其灵敏度为

$$K_C = \frac{\Delta C}{\Delta x} = \frac{\varepsilon b}{l_0} = 常数 \qquad (5-1-3)$$

2）圆柱式直线位移电容传感器

圆柱式直线位移电容传感器的结构如图 5-1-2(b)所示。外圆筒 3 不动,内圆筒 4 在外圆筒内作上、下直线运动。在忽略边缘效应影响下,圆柱式电容传感器的电容量为

$$C_0 = \frac{2\pi\varepsilon h_0}{\ln\dfrac{R}{r}} \qquad (5-1-4)$$

式中　h_0——外圆筒与内圆筒重叠部分长度;

　　　R——外圆筒内径;

　　　r——内圆筒外径。

当内圆筒沿轴线方向移动 Δx 时,电容的变化量为

$$\Delta C = \frac{2\pi\varepsilon\Delta x}{\ln\dfrac{R}{r}} = C_0 \frac{\Delta x}{h_0} \qquad (5-1-5)$$

其灵敏度为

$$K_C = \frac{\Delta C}{\Delta x} = \frac{2\pi\varepsilon}{\ln\dfrac{R}{r}} = 常数 \qquad (5-1-6)$$

由式(5-1-6)可知,内外圆筒的半径之差越小,其灵敏度越高。在实际使用时,外圆筒必须接地,这样可以屏蔽外界电场干扰,并且能减小周围人体及金属体与内圆筒的分布电容,以减小误差。

3）角位移式电容传感器

角位移式电容传感器的结构如图 5-1-2(c)所示,定极板 2 的轴由被测物体带动而旋转一个角位移 θ 度时,两极板的遮盖面积 A 就减小,因而电容量也随之减小。两半圆重合时的初始电容量为

$$C_0 = \frac{\varepsilon A}{l_0} = \frac{\varepsilon\pi r^2}{2l_0} \qquad (5-1-7)$$

定极板转过 $\Delta\theta$ 时,电容的变化量为

$$\Delta C = C_0 \frac{\Delta\theta}{\pi} \qquad (5-1-8)$$

其灵敏度为

$$K_C = \frac{\Delta C}{\Delta \theta} = \frac{C_0}{\pi} = 常数 \qquad (5-1-9)$$

在实际使用中，可以增加动极板和定极板的对数，使多片同轴动极板在等间隔排列的定极板间隙中转动，以提高灵敏度。由于动极板和轴连接，所以一般动极板接地，但必须制作一个接地的金属屏蔽盒，将定极板屏蔽起来。

综合上述分析，变面积式电容传感器不论被测量是线位移还是角位移，在忽略边缘效应时，位移和输出电容都是线性关系，传感器的灵敏度为常数。

2. 变极距式

变极距式电容传感器的结构如图 5-1-3 所示。此时电容器的有效接触面积 A 以及介电常数 ε 不变，当活动极板因被测参数的改变而引起移动时，两极板间的电容量随着极板间间距 d 的变化而变化。

设极板面积为 A，其静态电容量为 $C_0 = \dfrac{\varepsilon A}{d}$，当活动极板向上移动 x 后，其电容量为

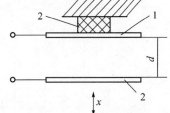

$$C = \frac{\varepsilon A}{d-x} = C_0 \frac{1 + \dfrac{x}{d}}{1 - \dfrac{x^2}{d^2}} \qquad (5-1-10)$$

图 5-1-3　变极距式
电容传感器结构示意图
1—固定极板；2—与被测物相
连的活动极板。

当 $x \ll d$ 时，$1 - \dfrac{x^2}{d^2} \approx 1$，则

$$C = C_0 \left(1 + \frac{x}{d} \right) \qquad (5-1-11)$$

由式（5-1-11）可以看出，变极距式电容传感器的电容量 C 与 x 不是线性关系，而是如图 5-1-4 所示的双曲线关系。只有当 $x \ll d$ 时，才可以认为是近似于线性关系。同时由图 5-1-4 可以看出，要提高灵敏度，应减小初始极距 d，但这同时也出现了变极距式电容传感器行程较小的缺点。

一般变极距式电容传感器的起始电容量设置在十几皮法到几十皮法，初始极距 d_0 设置在 $100\,\mu\mathrm{m} \sim 1000\,\mu\mathrm{m}$ 的范围内较为适当。最大位移应该小于两极板间距的 1/10 ~ 1/4，电容的变化量可高达 2 倍 ~ 3 倍。

在实际应用中，为了提高传感器的灵敏度和克服某些外界因素（如电源电压、环境温度等）对测量的影响，常常把传感器做成差动的形式，其原理如图 5-1-5 所示。该传感器采用三块极板，中间一块极板为动极板 1，上下两块为定极板 2。当动极板向上移动 Δx 后，C_1 的极距变小，而 C_2 的极距增大，电容 C_1 和 C_2 形成差动变化，这样可以消除外界因素所在成的测量误差，同时灵敏度提高近一倍，线性也得到改善。

3. 变介电常数式

变介电常数式电容传感器的结构如图 5-1-6 所示。在固定极板间加入空气以外的其他被测介质，当介质发生变化时，电容量也随之发生变化。变介电常数式电容传感器可以用来检测片状材料的厚度、性质、颗粒状物体的含水量以及测量液位等。表 5-1-1 列出了几种常用

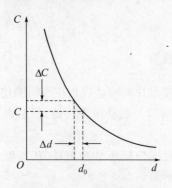

图 5 - 1 - 4　电容量与极距
距离的关系曲线

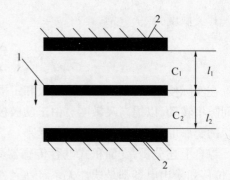

图 5 - 1 - 5　差动式电容传感器结构示意图
1—动极板；2—定极板。

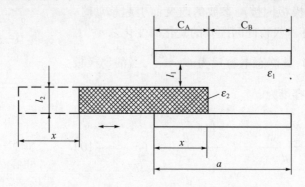

图 5 - 1 - 6　变介电常数式电容传感器结构示意图

气体、液体、固体介质的相对介电常数。

表 5 - 1 - 1　几种常见介质的相对介电常数

介质名称	相对介电常数 ε_r	介质名称	相对介电常数 ε_r
真空	1	玻璃釉	3 ~ 5
空气	略大于1	SiO_2	38
其他气体	1 ~ 1.2①	云母	5 ~ 8
变压器油	2 ~ 4	干的纸	2 ~ 4
硅油	2 ~ 3.5	干的谷物	3 ~ 5
聚丙烯	2 ~ 2.2	环氧树脂	3 ~ 10
聚苯乙烯	2.4 ~ 2.6	高频陶瓷	10 ~ 160
聚四氟乙烯	2.0	低频陶瓷、压电陶瓷	1000 ~ 10000
聚偏二氟乙烯	3 ~ 5	纯净的水	80
注①：相对介电常数的数值视该介质的成分和化学结构不同而有较大的区别，下同			

　　下面以位移测量为例来介绍变介电常数式电容传感器的工作原理。在图 5 - 1 - 6 中，厚度为 l_2 的介质（介电常数为 ε_2）在电容器中移动时，电容器中介质的介电常数（总值）改变使得电容量改变，于是可以用来对位移 x 进行测量。$C_0 = C_A + C_B$，$l = l_1 + l_2$，在无介质 ε_2 时有

$$C_0 = \frac{\varepsilon_1 ba}{l} \qquad (5 - 1 - 12)$$

式中　ε_1——空气的介电常数；

　　b——极板的宽度；

　　a——极板的长度；

　　l——极板的间隙。

当介质 ε_2 移进电容器中 x 长度时,有

$$\begin{cases} C_A = \dfrac{bx}{\dfrac{l_1}{\varepsilon_1} + \dfrac{l_2}{\varepsilon_2}} \\[4mm] C_B = b(a - x)\,\dfrac{1}{\dfrac{l}{\varepsilon_1}} \end{cases} \qquad (5-1-13)$$

电容量变为

$$C = C_0(1 + Ax) \qquad (5-1-14)$$

其中,$A = \dfrac{1}{a}\left(\dfrac{l}{l_1 + \dfrac{\varepsilon_1}{\varepsilon_2}l_2} - 1 \right)$,为常数,电容量 C 与位移量 x 呈线性关系。

其灵敏度为

$$K_C = \frac{\Delta C}{\Delta x} = AC_0 \qquad (5-1-15)$$

以上结论忽略了边缘效应。实际上,由于边缘效应,会产生非线性,并使灵敏度下降。

总的来说,变极距式电容传感器一般用来测量微小的线位移($0.1\,\mu m$ 至零点几毫米)以及振动、压力等;变面积式电容传感器一般用于测量微量角位移或较大的线位移;变介电常数式电容传感器一般用于固态或液态的物位测量以及各种介质的湿度、密度的测定。

三、测量转换电路

电容式传感器将被测物理量转化为电容的变化后,必须采用测量转换电路将其转换为电压、电流或频率信号。电容式传感器的测量转换电路种类很多,下面介绍一些常用的测量转换电路。

1. 桥式电路

图 5-1-7 所示为桥式测量转换电路。其中,图 5-1-7(a)为单臂接法的桥式测量电路,1MHz 左右的高频电源经过变压器接到电容桥的一个对角线上,电容 C_1、C_2、C_3、和 C_x 构成电桥的四臂,C_x 为电容传感器。交流电桥平衡时有

$$\frac{C_1}{C_2} = \frac{C_x}{C_3}, \qquad \dot{U}_o = 0 \qquad (5-1-16)$$

当 C_x 改变时,$\dot{U}_o \neq 0$,桥路有输出电压。当电容式传感器采用差动接法时,可采用如图 5-1-7(b)所示的桥式转换电路。

2. 调频电路

这种电路是将电容式传感器作为 LC 振荡器谐振回路的一部分,或作为晶体振荡器中的

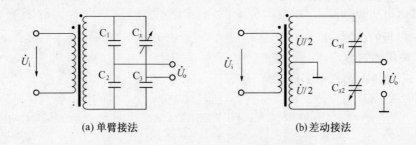

(a) 单臂接法　　　　　　　(b) 差动接法

图 5 - 1 - 7　电容式传感器的桥式转换电路

石英晶体的负载电容。在电容传感器工作时,电容 C_x 发生变化,就使得振荡器的振荡频率 f 发生相应的变化。由于振荡器的频率受到电容式传感器电容的调制,这就实现了 C/f 的变换,所以,称为调频电路。图 5 - 1 - 8 为 LC 振荡器调频电路框图。调频振荡器的频率可由下式决定:

$$f = \frac{1}{2\pi\sqrt{L_0 C}} \tag{5 - 1 - 17}$$

式中　L_0——振荡回路的固定电感;

　　　C——振荡回路的电容。

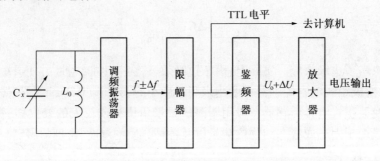

图 5 - 1 - 8　LC 振荡器调频电路框图

　　C 包括了传感器电容 C_x、谐振回路的微调电容 C_1 和传感器电缆分布电容 C_C,即 $C = C_x + C_1 + C_C$。调频电路原理如图 5 - 1 - 9 所示。

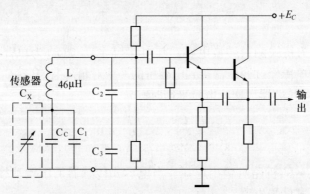

图 5 - 1 - 9　调频电路原理图

振荡器的输出信号是一个受被测量控制的调频波，频率的变换在鉴频器中变换为电压幅度的变化，经过放大器的放大、检波后就可用仪表来指示，也可将频率信号直接送到计算机的计数定时器进行测量。

3. 脉冲宽度调制电路

脉冲宽度调制电路是利用对传感器电容的充放电，电路输出脉冲的宽度随电容传感器的电容量变化而改变，通过低通滤波器得到对应于被测量变化的直流信号。脉冲宽度调制电路如图 5-1-10 所示。它是由比较器 A_1、A_2、双稳态触发器以及电容充放电回路组成。C_1、C_2为差分式电容传感器。经分析推导，可得

$$U_o = \frac{C_1 - C_2}{C_1 + C_2} \cdot U_1 = \frac{\Delta C}{C_0} U_1 \tag{5-1-18}$$

式中 　U_o——输出直流电压值；

　　　　U_1——触发器输出高电平值。

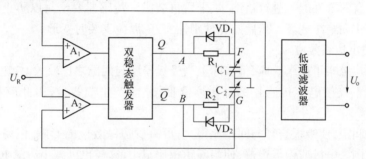

图 5-1-10　脉冲宽度调制电路

由式(5-1-18)可知，脉冲宽度调制电路的输出电压 U_o 与电容 ΔC 变化呈线性关系。

知识运用

一、电容式传感器的设计要点

电容式传感器所具有的高灵敏度、高精度等特性是与其正确设计、正确选材以及精细的加工工艺分不开的。在设计传感器的过程中，在所要求的量程、温度和压力范围内，应尽量使它具有低成本、高精度、高分辨力、稳定可靠和好的频率响应等特点，但一般不易达到理想程度，因此经常采用折中方案。对于电容式传感器，为了发扬它的特点，克服不足，设计时可以从下面几个方面予以考虑。

1. 保护绝缘材料的绝缘性能

减小由于环境温度、湿度等变化所产生的误差，以保证绝缘材料的绝缘性能。温度变化使传感器内各零件的几何尺寸和相互位置及某些介质的介电常数发生改变，从而改变电容传感器的电容量，产生温度误差。湿度也影响某些介质的介电常数和绝缘电阻值，因此，必须从选材、结构、加工工艺等方面来减小温度等误差，并保证绝缘材料具有高的绝缘性能。

电容式传感器的金属电极的材料以选用温度系数低的铁镍合金为好，但较难加工。也可采用在陶瓷或石英上喷镀合金或银的工艺，这样电极可以做得很薄，对减小边缘效应极为有利。

传感器内,电极的支架除要有一定的机械强度外,还要有稳定的性能,因此,选用温度系数小和几何尺寸稳定性好,并具有高的绝缘电阻、低的吸潮性和高表面电阻的材料作支架。例如,可以采用石英、云母、人造宝石及各种陶瓷。虽然它们较难加工,但性能远高于塑料、有机玻璃等材料。在温度不太高的环境下,聚四氟乙烯具有良好的绝缘性能,选用时也可以予以考虑。

尽量采用空气或云母等介电常数的温度系数近似为零的电介质(也不受湿度变化的影响)作为电容传感器的电介质。若用某些液体如硅油、煤油等作为电介质,当环境温度、湿度变化时,它们的介电常数随之改变,从而产生误差。这种误差虽可用后接的电子线路加以补偿,但不易完全消除。

在可能的情况下,传感器内尽量采用差分对称结构,这样可以通过某些类型的电子线路(如电桥)来减小温度等误差。设定电容传感器的电源频率为 50Hz 至几兆赫,可以降低对传感器绝缘部分的绝缘要求。

传感器内所有的零件应先进行清洗、烘干后再装配。传感器要密封以防止水分侵入内部而引起电容值变化和绝缘变坏。传感器壳件刚性要好,以免安装时变形。

2. 消除和减小边缘效应

前面的分析均忽略了边缘效应,但实际上当极板厚度与间隙之比较大时,边缘效应就不能忽略。边缘效应不仅使电容传感器的灵敏度降低,还能产生非线性,因此应尽量消除或减小它。

适当减小极间距,使极板直径与间距比很大,可减少边缘效应的影响,但易产生击穿并有可能限制测量范围。电极应做得极薄,使与间距相比很小,这样也可减小边缘电场的影响。除此之外,可在结构上增设等位环来消除边缘效应,如图 5-1-11 所示。等位环 3 与电极 2 等电位,这样就能使电极 2 的边缘电子线平直,两电极间的电场基本均匀,而发散的边缘电场发生在等位环 3 的外周,不影响工作。

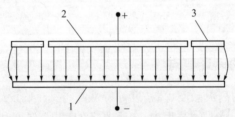

图 5-1-11　带有等位环的平行板电容器

1,2—电极;3—等位环。

应该指出,边缘效应所引起的非线性与变极距型电容传感器原理上的非线性正好相反,因此在一定程度上起了补偿作用,但这是牺牲了灵敏度来改善传感器的非线性。

3. 消除和减小寄生电容的影响

寄生电容,是指除极板电容外的其他附加电容,如仪器与基板构成的电容和引线的分布电容等。它不仅改变了电容传感器的电容量,还由于传感器本身电容量很小,寄生电容极不稳定,从而导致传感器不能正常工作。因此,消除和减小寄生电容的影响是电容式传感器实用性的关键,可采用如下几种方法:

(1) 注意传感器的接地和屏蔽。图 5-1-12 为接地屏蔽的圆筒形电容传感器。其中,可动极筒与连杆固定在一起随被测值位移。可动极筒与传感器的屏蔽壳(良导体)同为地,因此当可动极筒移动时,固定极筒与屏蔽壳之间的电容值将保持不变,从而消除了由此产生的虚假信号。

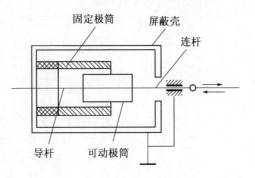

图 5 - 1 - 12　接地屏蔽的圆筒形
电容传感器示意图

电缆引线也必须屏蔽至传感器屏蔽壳内。为了减小电缆电容的影响,应尽量使用短而粗的电缆线,缩短传感器至电子线路前置级的距离。

（2）将传感器与电子线路的前置级（集成化）装在一个壳体内,省去传感器至前置级的电缆。这样,寄生电容大大减小而且易固定不变,使仪器工作稳定,但这种传感器由于电子元器件原因而不能在高温或环境差的地方使用。

（3）采用"驱动电缆"技术（也称"双层屏蔽等位传输"技术）。由于某些原因,测量电路只能与传感器分开时,可采用"驱动电缆"技术。如图 5 - 1 - 13 所示,传感器与电子线路放置级间的引线为双屏蔽电缆,其内屏蔽层与信号传辅导线（电缆芯线）通过 1:1 放大器成为等电位,从而消除了芯线与内屏蔽层之间的电容。由于屏蔽层上有随传感器输出信号变化而变化的电压,因此称为"驱动电路"。采用这种技术可使电缆线长达 10m 之远也不影响仪器的性能。外屏蔽层接大地或接仪器地,用来防止外界电场的干扰。内外屏蔽层之间的电容是 1:1 放大器的负载。1:1 放大器是一个对输入阻抗要求很高、具有容性负载、放大倍数为 1（准确度要求达 1/10000）的同相放大器。因为"驱动电缆"技术对 1:1 放大器要求很高,线路复杂,但能保证电容传感器的电容值小于 1pF 时,仪器仍能正常工作。

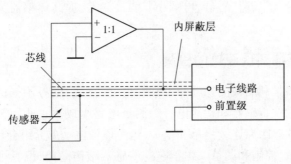

图 5 - 1 - 13　"驱动电缆"技术原理图

当电容式传感器的原始电容值放大（几百微法）时,只要选择适当的接地点仍可采用一般的同轴屏蔽电缆。电缆可以长达 10m,仪器仍能正常工作。

（4）整体屏蔽法。将电容传感器和所采用的转换电路、传输电缆等用同一屏蔽壳屏蔽起来,正确选取接地点来消除寄生电容的影响和防止外界的干扰。如图 5 - 1 - 14 所示的是差动电容传感器交流电桥所采用的整体屏蔽系统,屏蔽层接地点选在两固定辅助阻抗臂 Z_1 和 Z_2 中间,使电缆芯线与其屏蔽层之间的寄生电容 C_{p1} 和 C_{p2} 分别与 Z_1 和 Z_2 相并联。如果 Z_1 和 Z_2 比 C_{p1} 和 C_{p2} 的容抗小得多,则寄生电容 C_{p1} 和 C_{p2} 对电桥的平衡状态影响就很小。

4. 防止和减小外界干扰

电容传感器是高阻抗传感元件,很易受外界干扰的影响。当外界干扰（如电磁场）在传感器上和导线之间感应出电压并与信号一起输至电子线路时,就会产生误差。干扰信号足够大

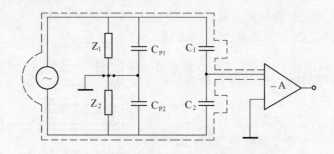

图 5 - 1 - 14　交流电桥的整体屏蔽系统

时,仪器无法正常工作,甚至会损坏。此外,接地点不同所产生的接地电压差也是一种干扰信号,会给仪器带来误差和故障。防止和减小干扰的某些措施已在前面已有所讨论,现归纳如下:

(1) 屏蔽和接地。用良导体作传感器壳体。将传感元件包围起来,并可靠接地;用金属网把导线套起来而它们之间绝缘(屏蔽电缆),金属网可靠接地;用双层屏蔽线且可靠接地;用双层屏蔽罩壳且可靠接地;传感器与电子线路前置级一起装在良好屏蔽壳体内,壳体可靠接地等。

(2) 增加原始电容值,降低容抗。

(3) 导线间的分布电容有静电感应,因此导线和导线要离得远,线要尽可能短,最好成直角排列。若必须平行排列时,可采用同轴屏蔽线。

(4) 尽可能一点接地,避免多点接地。地线要用粗的良导体或宽印刷线。

(5) 尽量采用差分式电容传感器,可减小非线性误差,提高传感器灵敏度,降低寄生电容的影响和干扰。

二、电容式传感器实现液位的检测

电容式物位传感器是利用被测物的介电常数与空气(或真空)不同的特点进行检测的,电容式物位计由电容式物位传感器和检测电容的测量电路组成。它适用于各种导电、非导电液体的液位或粉状料位的远距离连续测量和指示,也可以和电动单元组合仪表配套使用,以实现液位或料位的自动记录、控制和调节。由于它的传感器结构简单,没有可动部分,因此应用范围较广。

1. 电容式物位传感器液位检测的原理

由于被测介质的不同,电容式物位传感器也有不同的形式,现以测量导电液体的电容式物位传感器和测量非导电液体的电容式物位传感器为例对电容式物位传感器进行介绍。

1)测量导电液体的电容式物位传感器

该电容式物位传感器如图 5 - 1 - 15 所示。在液体中插入一根带绝缘套的电极,由于液体是导电的,容器和液体可看作为电容器的一个电极,插入的金属电极作为另一电极,绝缘套管为中间介质,三者组成圆筒电容器。

当液位变化时,就改变了电容器两极覆盖面积的大小,液位越高,覆盖面积就越大,容器的电容量就越大。当容器为非导电体时,必须引入一辅助电极(金属棒),其下端浸至被测容器底部,上端与电极的安装法有可靠的导线连接,以使两电极中有一个与大地及仪表地线相连,保证仪表的正常测量。应注意,如液体是黏滞介质,当液体下降时,由于电极套管上仍粘附一层被测介质，所以，会造成虚假的液位示值，使仪表所显示的液位比实际液位高。

2）测量非导电液体的电容式物位传感器

当测量非导电液体，如轻油、某些有机液体以及液态气体的液位时，可采用一个内电极，外部套上一根金属管（如不锈钢），两者彼此绝缘，以被测介质为中间绝缘物质构成同轴套管筒形电容器。如图 5-1-16 所示，绝缘垫上有小孔，外套管上也有孔和槽，以便被测液体自由地流进或流出。由于电极浸没的长度 L 与电容量 ΔC 成正比关系，因此测出电容增量的数值便可知道液位的高度。

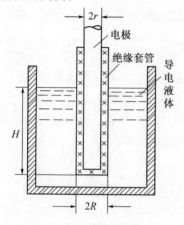

图 5-1-15　导电液体的电容式
物位传感器原理示意图

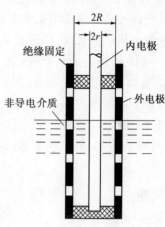

图 5-1-16　非导电液体的电容式
物位传感器原理示意图

当测量粉状导电固体料位和黏滞非导电液体液位时，可采用光电极直接插入圆筒形容器的中央，将仪表地线与容器相连，以容器作为外电极，物料或液体作为绝缘物质构成圆筒形电容器，其测量原理与上述相同。

电容物位传感器主要由电极（敏感元件）和电容检测电路组成。可用于导电和非导电液体之间及两种介电常数不同的非导电液体之间的界面测量。由于测量过程中电容的变化都很小，因此准确地检测电容量的大小是物位检测的关键。

2. 电容式物位传感器的结构

用于测量物位的电容传感器电极一般用不锈钢或紫铜制成，其插入长度和插入方式由测量范围、介质情况和设备条件决定。例如，测量导电介质时，电极表面常附以用聚乙烯（小于60℃）、聚四氟乙烯（小于100℃）和聚四氟乙烯加六氟丙烯等有机绝缘材料制成的套管，或涂上一层搪瓷。选择材料时，除考虑耐温、耐腐蚀能力外，还应使所用材料与被测介质有最小的亲和力，以减小被测介质对电极的吸附和沾染造成的误差。

如图 5-1-17 为一个单电极的电容式液体传感器结构图。在制造和安装时，特别要注意绝缘层的厚度及均匀性，且绝缘层和电极间绝不能有间隙。一般为了保证厚度的均匀，

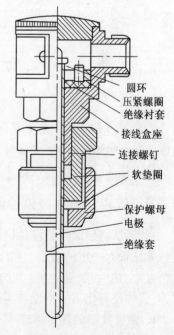

图 5-1-17　单电极的
电容式液体传
感器结构图

常采用事先加工好的均匀绝缘套管套在内电极上,而且套装时要保证受力均匀,以得到合格的测量电极。

除以上要求外,电容式物位传感器的测量误差还与介质的介电常数有关,而且许多介质的介电常数随温度、湿度的变化造成测量误差。所以,当对物位精度要求高时,可用一长度固定、永远完全浸没于介质之中的参比电极,对测量电容值进行修正,如此可保证不会产生由于温度、湿度变化形成的介电常数变化误差。

3. 电容式物位传感器的输出电路

电容式物体传感器常采用交流电桥作为转换输出电路,将传感器与输入物位成正比的电容变化转换为电压或电流值,再送去显示或供传送。

图 5 - 1 - 18 所示的是一个电容液位计的桥式输出电路。由交流电源供电,由变压器副边两个对称线圈 L_1、L_2 和两个电容(平衡电容 C 和被测传感器电容 C_x)构成电桥的四个桥臂。交流电源是一个高频振荡器,该高频电源经变压器耦合到副边 L_1 和 L_2 上。当容器内介质为初始液位时,应使电桥的 AB 边无电流(电桥平衡),毫安表指示为零。如果电桥不平衡,即电流不为零,可靠调节 R_1 和 C 使桥路的幅值、相位都平衡,使毫安表指零。

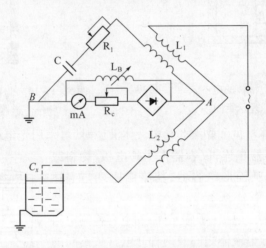

图 5 - 1 - 18   电容液位计的桥式输出电路

如容器内介质液位发生变化时,C_x 也随之变化,桥路平衡状态被破坏,AB 边有电流输出,让该电流经整流后,由毫安表指示输出电流值。这个电流反映了电容 C_x 的大小,实际上就是液位的高低,或将表的指示标注为液位值,成为一块液位显示计。

三、饮料包装中液位检测电路的设计

目前,饮料包装中的液位检测方法主要有射线、红外线、光学、红外热成像以及声波等,但这些方法都有一定的缺陷。利用电容式传感器进行液位测量的基本原理,可以设计出一套测量精度高、速度快、造价低、维护容易的液位检测装置,而且这个设备对被测对象没有过多要求,对人体没有伤害。本设计实现的液位检测利用的是变介电常数式的电容传感器工作原理。

1. 液位检测的基本原理

以玻璃瓶装饮料为例来介绍检测的基本原理,如图 5 - 1 - 19 所示。电容传感器的两块电极放置在瓶颈两侧,电极与瓶颈之间留有一定的间距,以免瓶子在输送带上运行时碰撞到电极,电极的高度以液位在电极的检测范围内为宜。这样两电极间有三种介质,分别是饮料、玻

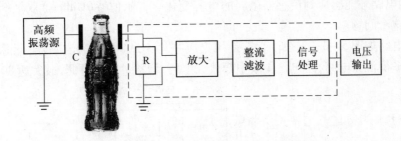

图 5 - 1 - 19　饮料包装中液位检测电路原理图

璃和空气。

已知饮料(水)为极性电介质,其相对介电常数为 81,玻璃和空气属非极性电介质,介电常数分别为 2.2 和 1。由于水的介电常数远大于空气和玻璃的介电常数,所以,瓶中液位的变化将明显改变检测电极的电容。当液位增加时,电容增大;液位降低时,电容减小。为了检测电容的变化,把传感器电容 C 和固定电阻 R 串联起来,接在高频信号源上。高频振荡源产生稳定的正弦波,信号回路的阻抗为 $\left(R + \dfrac{1}{\mathrm{j}\omega C}\right)$。当电容增大时,电路阻抗降低,流过 R 上的电流量增大,R 上的电压增大。把 R 上的电压放大、整流、滤波后就可以得到稳定的直流电压输出,通过和给定的电压值进行比较,就可以判断液位是否合格。

2. 传感器电路的设计

1)振荡器电路

和 RC 振荡电路或 LC 振荡电路相比,晶体振荡电路具有很高的频率稳定度,输出振幅稳定,受温度变化影响小,容易起振。这些优点很好地满足了高频振荡源的设计要求。高频振荡电路如图 5 - 1 - 20 所示,这是一个典型的调谐式晶体管晶体振荡电路。晶体呈感性,可以看成电感线圈。L_0、C_0 构成输出调谐电路,使回路呈容性,同时还能滤除高次谐波,得到输出接近正弦的波形。在电路设计时,求出在振荡频率 f_0 处能谐振的 L_0 和 C_0 的值,L_0 或 C_0 的值稍微偏移一点调谐回路就可呈现容性。实际上整个电路为一个标准的电容三点式振荡器。对于振荡源的频率可以通过实验的方法确定,实验表明,在 140M 以内的频率范围内,电容传感器对液位的检测输出变化最明显。

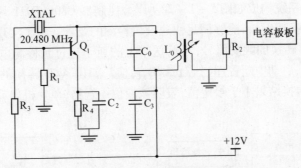

图 5 - 1 - 20　高频振荡源电路图

2)检测电路

电容传感器 C 电容量很小,只有几个皮法,阻抗极高,导致与其串联的电阻 R 上流过的电流极小,电压微弱(几百微伏),这就要求放大器除了有很高的放大增益,还要有良好的稳定性,这样检测电路才能感应到传感器微弱的电容变化。吉尔伯特(Gilbert)双平衡混频器能够很好地解决这个问题。

本检测电路如图 5-1-21 所示,它使用集成芯片 TCA440 作为混频器,此芯片不仅包含吉尔伯特双平衡混频电路,还包含 4 级中频放大电路,增益量外部可调,最大达 80dB。

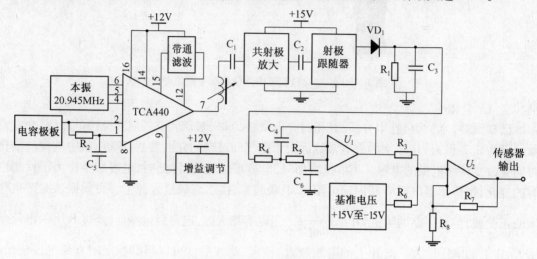

图 5-1-21　检测电路电路图

实际运用中发现,虽然该芯片有较高的信号增益,但是由于混频器的输入端(脚1、脚2)信号微弱,又由于空间电磁波以及电路中的热噪声的干扰,所以,芯片的输出信号仍比较微弱且存在杂波。如果直接整流,即使使用用于小信号检波的锗二极管,也无法达到锗管的最小正向电压(0.3V)。于是输出端接上 LC 串联谐振滤波电路后,再接上一级共射极放大电路。经测量,输出的交流信号波形纯正,电压有效值满足要求。信号的整流滤波电路由射极跟随器、锗二极管和低通滤波器(R_1、C_3)组成。

为了方便后期的数据处理,还需对输出信号进行调整。用 R_4、R_5、C_4、C_6 以及运放 U_1 组成电压源型低通滤波器,滤除直流信号中的交流噪声;通过调节基准电压的大小,最终得到适合的直流输出电压,该输出电压随传感器的电容量增大而增高。

3. 检测系统的设计

液位检测装置的系统构成如图 5-1-22 所示,控制器 C8051F021 片内集成了 A/D 转换模块,转换精度高,转换速度快,能够满足快速液位检测的要求。为了实现系统的自动检测,使用光电开关作为 A/D 转换的触发信号,当输送带上的瓶子运行到检测电极的范围内时,光电开关输出一个负脉冲,启动中断程序,执行 A/D 转换。如果 A/D 转换的值大于给定值,表明该瓶液位合格;如果转换结果小于给定值,表明该液位不合格,单片机启动剔除器,把液位不合格的瓶子剔除掉。

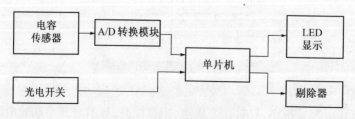

图 5-1-22　检测系统框图

▌知识拓展

电容式传感器除了可以进行物位液位等检测以外，还可以进行加速度、厚度、力以及压力等的检测。

一、电容式加速度传感器

测量某物体的振动时常使用加速度或角加速度传感器，具体的测量方法是惯性式测量。其中，电容式传感器是其中可供选择的测量方法之一。图 5 − 1 − 23 所示的是一个差动式电容加速度传感器的结构图。从中看，它有两个固定极板，极板中间有一个被弹簧支撑的质量块。在工艺上，将质量块的两个端面磨平抛光后作为电容器的可动极板。当传感器测量垂直方向的直线加速度时（主要由振动产生），质量块由于惯性作用在绝对空间中相对静止，两个固定极板则相对质量块产生位移，而该位移大小将正比于被测的加速度变化，使两个差动电容 C_1 和 C_2 一个增大，一个减小。再利用前文所讲述的测量转换输出电路，将电容的变化转化为电压或电流的变化供显示或输出，构成加速度计。

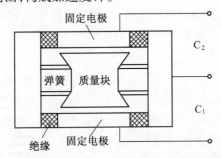

图 5 − 1 − 23　差动式电容加速度传感器示意图

二、电容式测厚仪

电容式测厚仪可以用来测量金属带材在轧制过程中的厚度，它的厚度检测器件采用电容式厚度传感器。图 5 − 1 − 24 即是该传感器的工作原理图，其结构为在被测带材的上下方各置一块面积相等，与被测带材间距相同的极板，这样，极板和带材就形成两个电容器（被测带材也作为一个极板）C_1 和 C_2。再把上下两个极板用导线连接起来，则形成一个由 C_1 和 C_2 并联而成的总电容 $C = C_1 + C_2$。

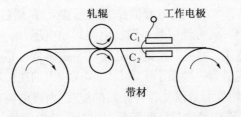

图 5 − 1 − 24　电容式测厚仪的工作示意图

当金属带材在被轧制过程中不断前进时，如果带材厚度发生变化，偏离规定值产生误差，则它与上下两块极板的间距亦发生变化，引起电容值的变化。例如带材偏厚，则 $C = C_1 + C_2$

会因间距 d 的减少而增加,产生电容增量 ΔC。再将电容 C 的变化 ΔC 通过转换电路转换为信号电压或电流的变化,通过自动控制装置调整轧辊间隙,使带材厚度回复规定位,达到控制带材厚度的目的。同时也可对厚度进行自动显示。这种测厚仪由于测的是总电容,所以,当轧制中受扰引起带材上下振动时,不会带来测量误差。例如,当带材向上波动时,C_1 增大,C_2 减小,$C = C_1 + C_2$ 基本不变。

三、电容式力和压力传感器

图 5 – 1 – 25 为大吨位电子吊秤用电容式称重传感器。扁环形弹性元件内腔上下平面上分别固连电容传感器的定极板和动极板。称重时,弹性元件受力变形,使动极板位移,导致传感器电容量变化,从而引起由该电容组成的振荡频率变化,频率信号经计数、编码,传输到显示部分。

图 5 – 1 – 26 为一种典型的小型差动电容式差压传感器。加有预张力的不锈钢膜片作为感压敏感元件,同时作为可变电容的活动极板。电容的两个固定极板是在玻璃基片上镀有金属层的球面极片。在压差作用下,膜片凹向压力小的一面,导致电容量发生变化。球面极片(图 5 – 1 – 26 中被夸大)可以在压力过载时保护膜片,并改善性能。其灵敏度取决于初始间隙 δ_0,δ_0 越小,灵敏度越高。其动态响应主要取决于膜片的固有频率。这种传感器可以与差动脉冲宽度调制电路相联构成测量系统。

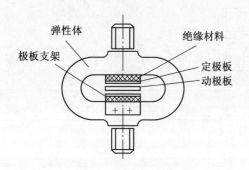

图 5 – 1 – 25　大吨位电子吊称用
电容式称重传感器

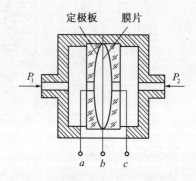

图 5 – 1 – 26　典型的小型差动
电容式差压传感器

知识总结

1. 电容式传感器是以各种类型的电容器作为传感器元件,通过电容传感元件将被测物理量的变化转换为电容量的变化,再经过测量转换电路转成电压、电流或频率。

2. 变容式传感器主要有三种类型:变极距式电容传感器一般用来测量微小的线位移以及振动等;变面积式电容传感器一般用于微量角位移或较大的线位移;变介电常数式电容传感器一般用于固态或液态的物位测量以及各种介质的湿度、密度的测定。

3. 电容式传感器对于液位的测量分两种情况:对于导电液体,通过一根带有绝缘套管的电极进行测量,此时导电液和电极构成电容器,绝缘套管作为介质;对于非导电液体,构成筒形电容器,非导电液体为介质。

4. 除了物位液位的检测外,电容式传感器还可以进行加速度、厚度、力以及压力等的检测。

■ 学习评价

本学习情境评价根据知识的学习和项目工作的完成情况进行考核评价，注重过程的考核。根据学习情境中各项任务完成的主体不同，分别对个人和小组进行考核评价，学习评价表如表 5-1-2 所列。

表 5-1-2　学习情境 5.1 考核评价表

组　别		第一组			第二组			第三组		
项目任务	分值	学生 A	学生 B	学生 C	学生 D	学生 E	学生 F	学生 G	学生 H	学生 I
电容传感器结构和原理的学习	10									
测量转换电路的学习	10									
电容传感器的选择和使用	15									
电容传感器对液位的测量	15									
饮料包装液位检测的设计	20									
学习报告书	15									
团队合作能力	15									

■ 思考题

1. 电容式传感器有什么主要特点？一般可以做成哪几种类型的电容式传感器？
2. 为什么电容式传感器的结构多采用差动形式？差动结构形式的特点是什么？
3. 试说明为什么变极距式电容传感器的测量位移范围小。
4. 试说明电容式传感器测量液位的工作原理。
5. 图 5-1-27 是利用分段电容传感器测量液位的原理示意图。玻璃连通器 3 的外圆壁上等间隔地套着 N 个不锈钢圆环，显示器采用 101 线 LED 光柱（第一线常亮，作为电源指示）。

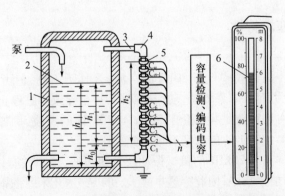

图 5-1-27　利用分段电容传感器测量液位的原理示意图

1—储液罐；2—液面；3—玻璃连通器；4—钢质直角接头；

5—不锈钢圆环；6—101 段 LED 光柱。

（1）该方法采用了电容传感器中变极距、变面积、变介电常数三种原理中的哪一种？

（2）被测液体应该是导电液体还是绝缘体？

（3）分别写出该液位计的分辨率（％）及分辨力（几分之一米）的计算公式，并说明如何提高此类液位计的分辨率。

（4）设当液体上升到第个 N 不锈钢圆环的高度时，101 线 LED 光柱全亮。若 $N=32$，则当液体上升到第八个不锈钢圆环的高度时，共有多少线 LED 亮？

学习子情境5.2：煤仓煤位的自动监控

■情境介绍

超声波是指频率高于 20kHz 的机械波。为了以超声波作为检测手段，必须产生超声波和接收超声波，完成这种功能的装置就是超声波传感器。超声波传感器有发送器和接收器。超声波传感器是利用压电效应的原理将电能和超声波相互转化，即在发射超声波的时候，将电能转换，发射超声波；而在收到回波的时候，则将超声振动转换成电信号。

煤仓煤位的自动监控主要是利用传感器测量仓库中煤的高度控制运输传动装置的启停，进而控制煤的高度。超声波传感器是一种非接触测量的传感器，将超声波传感器安装在煤仓的上方可以检测煤的靠近程度。

■学习要点

1. 理解超声波产生的原理；
2. 熟悉空气超声探头的结构及其特性；
3. 掌握超声波测量转换电路的使用方法；
4. 熟悉超声波传感器测量距离的原理；
5. 了解超声波传感器的其他检测应用。

■知识点拨

一、超声波的基本特性

1. 声波的分类

（1）次声波。次声波是频率低于 20Hz 的声波，人耳听不到，但可与人体器官发生共振。$7Hz \sim 8Hz$ 的次声波会引起人的恐怖感，动作不协调，甚至导致心脏停止跳动。

（2）可闻声波。可闻声波是频率介于 20Hz 与 20kHz 的声波，例如，$280Hz \sim 2560Hz$ 频率段称为中高频。小提琴约有 1/4 的较高音域在此频段。

（3）超声波。频率高于 20kHz 的机械振动波是超声波，超声波有许多不同于可闻声波的特点。它的指向性好，能量集中，因此穿透本领大，可以穿透几米厚的钢板而能量损失不大，在遇到两种介质的分界面时能产生明显的反射与折射现象。

2. 超声波的传播方式

（1）纵波：质点的振动方向与波的传播方向一致，能在固体、液体与气体中传播。

（2）横波：质点的振动方向与波的传播方向垂直。只能在固体中传播。

（3）表面波：质点在固体表面平衡位置附近作椭圆轨迹振动，只沿固体表面传播。

3. 声速、波长与指向性

（1）声速。声波的传播速度取决于介质的弹性系数、介质的密度以及声阻抗。几种常用材料的声速与密度、声阻抗的关系如表 5-2-1 所列。

表 5-2-1　常用材料的密度、声阻抗与声速

材料	密度 $\rho/(10^3 \text{kg} \cdot \text{m}^{-1})$	声阻抗 $z/(10\text{MPa} \cdot \text{s}^{-1})$	纵波声速 $c_L/(\text{km} \cdot \text{s}^{-1})$	横波声速 $c_S/(\text{km} \cdot \text{s}^{-1})$
钢	7.8	46	5.9	3.23
铝	2.7	17	6.3	3.1
铜	8.9	42	4.7	2.1
有机玻璃	1.18	3.2	2.7	1.2
甘油	1.26	2.4	1.9	—
水(20℃)	1.0	1.48	1.48	—
油	0.9	1.28	1.4	—
空气	0.0012	0.0004	0.34	—

（2）波长。超声波的波长 λ 与频率 f 的乘积恒等于声速 c，即 $\lambda f = c$。

（3）指向性。超声波声源发出的超声波束以一定的角度逐渐向外扩散，指向角 θ 与超声源的直径 D 以及波长 λ 之间的关系为 $\sin\theta = 1.22\lambda/D$。

二、超声波传感器的外形与特性

超声波换能器又称超声波探头。超声波换能器的工作原理有压电式、磁致伸缩式、电磁式等数种，在检测技术中主要采用压电式。由于其结构不同，换能器又分为直探头、斜探头、双探头、表面波探头、聚焦探头、冲水探头、水浸探头、空气传导探头以及其他专用探头等。超声波探头结构示意图如图 5-2-1 所示。

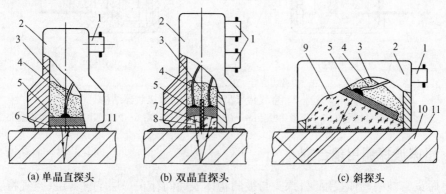

(a) 单晶直探头　　　(b) 双晶直探头　　　(c) 斜探头

图 5-2-1　超声波探头结构示意图

1—接插件；2—外壳；3—阻尼吸收块；4—引线；5—压电晶体；6—保护膜；
7—隔离层；8—延迟块；9—有机玻璃斜楔块；10—试件；11—耦合剂。

1. 以固体为传导介质的超声探头

1）单晶直探头

分析发射和接收过程：发射超声波时，将 500 V 以上的高压电脉冲加到压电晶片上，利用逆压电效应，使晶片发射出一束频率落在超声范围内、持续时间很短的超声振动波。超声波到达被测物底部后，超声波的绝大部分能量被底部界面所反射。反射波经过一短暂的传播时间回到压电晶片。利用压电效应，晶片将机械振动波转换成同频率的交变电荷和电压。

由于衰减等原因，该电压通常只有几十毫伏，还要加以放大才能在显示器上显示出该脉冲的波形和幅值。

超声波的发射和接收虽然均是利用同一块晶片，但时间上有先后之分，所以，单晶直探头是处于分时工作状态，必须用电子开关来切换这两种不同的状态。

2）双晶直探头

结构虽然复杂些，但检测精度比单晶直探头高，且超声信号的反射和接收的控制电路较单晶直探头简单。

3）使用斜探头的目的

为了使超声波能倾斜入射到被测介质中，可使压电晶片粘贴在与底面成一定角度（如 30°、45°等）的有机玻璃斜楔块上。当斜楔块与不同材料的被测介质（试件）接触时，超声波产生一定角度的折射，倾斜入射到试件中去。

2. 以空气为传导介质的超声探头

发射器的压电片上必须粘贴了一只锥形共振盘，以提高发射效率和方向性。接收器在共振盘上还增加了一只阻抗匹配器，以滤除噪声，提高接收效率。空气传导的超声发射器和接收器（图 5 - 2 - 2）的有效工作范围是几米至几十米。

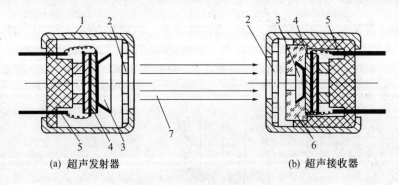

(a) 超声发射器　　　　　　　　　　　(b) 超声接收器

图 5 - 2 - 2　空气传导型超声发生器、接收器结构

1—外壳；2—金属丝网罩；3—锥形共振盘；4—压电晶片；5—引脚；6—阻抗匹配器；7—超声波束。

三、超声波探测用耦合剂

超声探头与被测物体接触时，探头与被测物体表面间存在一层空气薄层，空气将引起三个界面间强烈的杂乱反射波，造成干扰，并造成很大的衰减。为此，必须将接触面之间的空气排挤掉。

在工业中，经常使用耦合剂，使之充满在接触层中，起到传递超声波的作用。常用的耦合剂有自来水、机油、甘油、胶水、化学浆糊等。

知识运用

一、超声波传感器实现物位的检测

超声波发射器向某一方向发射超声波，在发射时刻开始计时，超声波在空气中传播，途中碰到障碍物就立即返回来，超声波接收器收到反射波就立即停止计时。

超声波测距的原理一般采用渡越时间法（Time Of Flight,TOF）。首先测出超声波从发射到遇到障碍物返回所经历的时间，再乘以超声波的速度就得到二倍的声源与障碍物之间的距离，即 $S = ct/2$。其中，S 为发射点到障碍物之间的距离，c 为超声波在介质中的传播速率，在空气中超声波传播速率为 $c = c_0\sqrt{1 + T/273}$（m/s）。其中，T 为绝对温度，$c_0 = 331.4\text{m/s}$，在测距精度不是很高的情况下认为 $c = 340\text{m/s}$，即 $s = 340t/2$。声速与温度的关系表如表 5 - 2 - 2 所示。

表 5 - 2 - 2　声速与温度的关系表

温度/℃	-30	-20	-10	0	10	20	30	100
声速/(m/s)	313	319	325	323	338	344	349	386

【例】　超声波液位计原理如图 5 - 2 - 3 所示，从显示屏上测得 $t_0 = 2\text{ms}$，$t_{hl} = 5.6\text{ms}$。已知水底与超声探头的间距为 10m，反射小板与探头的间距为 0.34m，求液位 h。

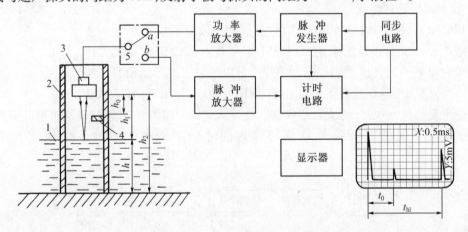

图 5 - 2 - 3　超声波液位计原理图
1—液面；2—直管；3—空气超声探头；4—反射小板；5—电子开关。

解：由于

$$\frac{h_0}{t_0} = \frac{h_1}{t_{hl}}$$

所以有

$$h_1 = \frac{t_{hl}}{t_0}h_0 = (5.6 \times 0.34/2)\text{m} = 0.95\text{m}$$

所以，液位 h 为

$$h = h_2 - h_1 = (10 - 0.95)\text{m} = 9.05\text{m}$$

由于空气中的声速随温度改变会造成温漂，所以，在传送路径中还设置了一个反射性良好的小板作标准参照物，以便计算修正。上述方法除了可以测量液位外，也可以测量粉体和粒状体的物位。

二、煤仓煤位监控系统的实现

自动配煤能否顺利实现，还要依赖于现场设备(特别是煤仓煤位检测)的准确可靠。这里主要介绍采用超声波连续物位计和物位开关相结合实现煤仓煤位检测的方法。

1. 超声波连续物位计原理

超声波物位计的换能器(传感器)被直接安装在被测介质上方，如图5-2-4所示。当高频脉冲声波由换能器发出，遇被测物体(物料)表面被反射折回，部分反射回波被同一换能器接收，转换成电信号。脉冲发送和接收之间的时间(声波的运动时间)与换能器到物体表面的距离成正比。声波传输距离s与声速c和传输时间t之间的关系可用表示为$s = c \times t/2$。信号通过电子单元处理显示其距离。由于在超声波脉冲发射过程中的机械惯性占用了传输时间，使得靠近换能器的一小段区域内反射波不能被接收，这一区域称为盲区，而盲区的大小与选择的超声波物位计的型号有关。

图5-2-4 超声波物位计测量原理

2. 检测系统硬件组成

煤位检测系统主要由单片机及显示电路、超声波发射电路和超声波检测接收电路三部分组成。采用AT89S51来实现对CX20106接收芯片和TCT40-10超声波传感器的控制。单片机可以通过引脚经反相器来控制超声波的发送，然后单片机不停地检测INT0引脚。当INT0引脚的电平由高电平变为低电平时，就认为超声波已经返回。计数器所计的数据就是超声波所经历的时间，通过换算就可以得到传感器与障碍物之间的距离。检测系统原理如图5-2-5所示。

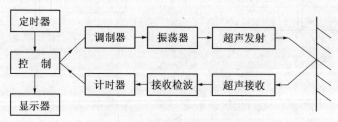

图5-2-5 检测系统原理

1) 超声波发射部分

超声波发射部分需要用单片机产生一个频率为40kHz左右的方波来带动发射头的压电晶片来起振，从而发射出超声波，如图5-2-6所示。

由于单片机端口输出功率不够，所以，经单片机产生的40kHz方波脉冲信号T分成两路：一路经一级反相器后送到超声波换能器的一个电极；另一路经两级反相器后送到超声波换能器的另一个电极。再加上两个上拉电阻TR1和TR2，可有效提高74LS04的带负载能力。

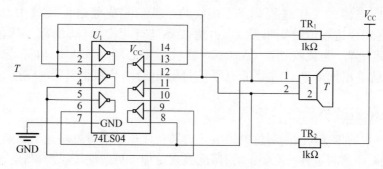

图 5 - 2 - 6　超声波发射电路

2）超声波接收部分

超声波接收部分的任务是接收到返回的超声波信号并对其进行滤波、放大、整形。由于用分立元件搭建超声波接收电路的效果很差，而且电路元件的参数不容易用常用元件达到，所以，超声波接收电路采用了索尼公司生产的集成芯片 CX20106，得到一个负脉冲送给单片机的 P3.2（INT0）引脚，以产生一个中断。CX20106 的内部结构如图 5 - 2 - 7 所示。

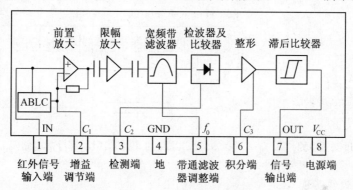

图 5 - 2 - 7　CX20106 内部结构

超声波接收电路如图 5 - 2 - 8 所示。

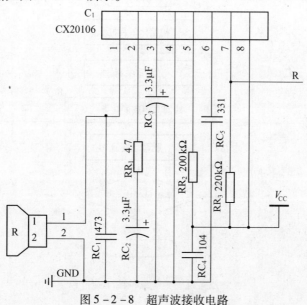

图 5 - 2 - 8　超声波接收电路

超声波接收电路的工作过程如下：接收的回波信号先经过前置放大器和限幅放大器，将信号调整到合适幅值的矩形脉冲，由滤波器进行频率选择，滤除干扰信号，再经整形，送给输出端7脚。当接收到与CX20106滤波器中心频率38kHz相符的回波信号时，其输出端7脚就输出低电平。将此低电平信号输出给单片机的外部中断0，即可产生一个中断信号。

3）温度补偿电路

声波在空气中的传播速度受温度的影响。如果在计算距离时忽略这个影响，会造成不小的误差，尤其在对距离测量有精度要求时，温度因素更加不可忽略了。所以，电路特加上了温度补偿环节。图5-2-9为温度测量电路。

4）显示部分

电路采用12864液晶显示器作为显示部分，其突出优点就是可以显示汉字等字符，且与单片机的接口简单，操作方便。图5-2-10为显示部分的电路图。

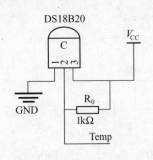

图5-2-9　温度测量电路

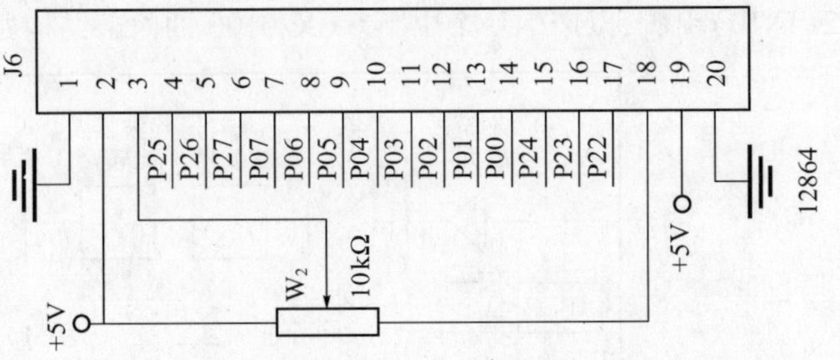

图5-2-10　显示部分的电路图

3. 检测系统软件实现

系统软件的实现过程如图5-2-11所示。

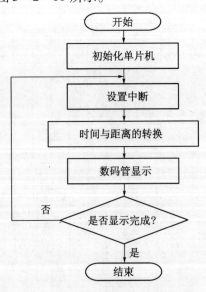

图5-2-11　系统软件的实现过程

知识拓展

一、超声防盗报警器

图 5 - 2 - 12 为超声报警器原理框图。发射器发射出频率为 40kHz 左右的连续超声波（空气超声探头选用 40kHz 工作频率可获得较高灵敏度，并可避开环境噪声干扰）。如果有人进入信号的有效区域，相对速度为 v，从人体反射回接收器的超声波将由于多普勒效应，而发生频率偏移 Δf。

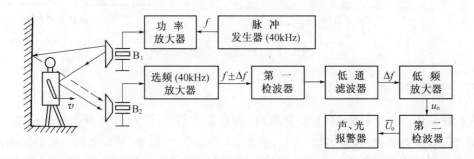

图 5 - 2 - 12　超声报警器原理框图

（1）多普勒效应：当超声波源与传播介质之间存在相对运动时，接收器接收到的频率与超声波源发射的频率将有所不同。产生的频偏 $\pm \Delta f$ 与相对速度的大小及方向有关。

（2）举例：当高速行驶的火车向你逼近和掠过时，所产生的变调声就是多普勒效应引起的。

（3）接收器的电路原理：压电喇叭收到两个不同频率所组成的差拍信号（40kHz 以及偏移的频率（$40kHz \pm \Delta f$））。这些信号由 40kHz 选频放大器放大，并经检波器检波后，由低通滤波器滤去 40kHz 信号，而留下 Δf 的多普勒信号。此信号经低频放大器放大后，由检波器转换为直流电压，去控制报警扬声器或指示器。

（4）利用多普勒原理的优势：可以排除墙壁、家具的影响（它们不会产生 Δf），只对运动的物体起作用。由于振动和气流也会产生多普勒效应，所以，该防盗报警器多用于室内。

（5）扩散思维：根据本装置的原理，还能运用多普勒效应去测量运动物体的速度，液体、气体的流速，汽车防碰、防追尾等。

二、超声波测厚

测量试件厚度的方法：电感测微器（分辨力可达 $0.5\mu m$）、超声测厚仪、电涡流测厚仪（只能测 0.1mm 以内的金属厚度）、数显电容式游标卡尺（分辨力可达 $10\mu m$）。其中，超声测厚仪的特点：量程范围大、无损、便携等；缺点：测量精度与温度及材料的材质有关。

双晶直探头中的压电晶片发射超声振动脉冲，超声脉冲到达试件底面时，被反射回来，并被另一只压电晶片所接收。只要测出从发射超声波脉冲到接收超声波脉冲所需的时间 t，再乘以被测体的声速常数 c，就是超声脉冲在被测件中所经历的来回距离，再除以 2，就得到厚度。超声波测厚原理如图 5 - 2 - 13 所示。

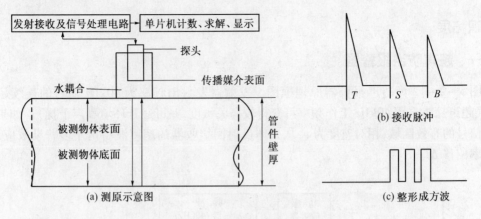

图 5 - 2 - 13 超声波测厚原理

三、无损探伤

人们在使用各种材料(尤其是金属材料)的长期实践中,观察到大量的断裂现象,它曾给人类带来许多灾难事故,涉及舰船、飞机、轴类、压力容器、宇航器、核设备等。对缺陷的检测手段有破坏性试验和无损探伤。由于无损探伤以不损坏被检验对象为前提,所以得到广泛应用。

1. 无损检测的方法

对铁磁材料,可采用磁粉检测法;对导电材料,可用电涡流法;对非导电材料还可以用荧光染色渗透法。以上几种方法只能检测材料表面及接近表面的缺陷。

采用放射线(X 光、中子、δ 射线)照相检测法可以检测材料内部的缺陷,但对人体有较大的危险,且设备复杂,不利于现场检测。除此之外,还有红外、激光、声发射、微波、计算机断层成像技术(CT)探伤等。

超声波检测和探伤是目前应用十分广泛的无损探伤手段,既可检测材料表面的缺陷,又可检测内部几米深的缺陷,这是 X 光探伤所达不到的深度。

2. 超声探伤分类

(1) A 型超声探伤。A 型探伤的结果以二维坐标图的形式给出。它的横坐标为时间轴,纵坐标为反射波强度。可以从二维坐标图上分析出缺陷的深度、大致尺寸,但较难识别缺陷的性质、类型。

(2) B 型超声探伤。B 型超声探伤的原理类似于医学上的 B 超。它将探头的扫描距离作为横坐标,探伤深度作为纵坐标,以屏幕的辉度(亮度)来反映反射波的强度。它可以绘制被测材料的纵截面图形。探头的扫描可以是机械式的,更多的是用计算机来控制一组发射晶片阵列(线阵)来完成与机械式移动探头相似的扫描动作,但扫描速度更快,定位更准确。

(3) C 型超声探伤。目前发展最快的是 C 型探伤,它类似于医学上的 CT 扫描原理。计算机控制探头中的三维晶片阵列(面阵),使探头在材料的纵、深方向上扫描,因此可绘制出材料内部缺陷的横截面图,这个横截面与扫描声束相垂直。横截面图上各点的反射波强通过相对应的几十种颜色,在计算机的高分辨率彩色显示器上显示出来。经过复杂的算法,可以得到缺陷的立体图像和每一个断面的切片图像。

3. A 型超声探伤

A 型超声探伤采用超声脉冲反射法,而脉冲反射法根据波形不同又可分为纵波探伤、横波探伤和表面波探伤等。A 型超声探伤仪的外形图如图 5 – 2 – 14 所示。

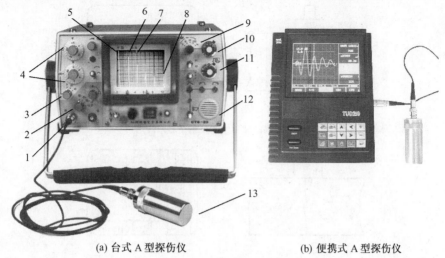

(a) 台式 A 型探伤仪   (b) 便携式 A 型探伤仪

图 5 – 2 – 14　A 型超声波探伤仪的外形图

1—电缆插头座；2—工作方式选择；3—衰减细调；4—衰减粗调；5—发射波 T；

6—第一次底反射波 B_1；7—第二次底反射波 B_2；8—第五次底反射波 B_5；9—扫描时间调节；

10—扫描时间微调；11—脉冲 x 轴移位；12—报警扬声器；13—直探头。

　　测试前，先将探头插入探伤仪的连接插座上。探伤仪面板上有一个荧光屏，通过荧光屏可知工件中是否存在缺陷、缺陷大小及缺陷位置。工作时探头放于被测工件上，并在工件上来回移动进行检测。探头发出的超声波，以一定速度向工件内部传播。如工件中没有缺陷，则超声波传到工件底部便产生反射，反射波到达表面后再次向下反射，周而复始，在荧光屏上出现始脉冲 T 和一系列底面反射脉冲 B_1、B_2、B_3、…。B 波的高度与材料对超声波的衰减有关，可以用于判断试件的材质、内部晶体粗细等微观缺陷。纵波探伤示意图如图 5 – 2 – 15 所示。

　　【例】　在图 5 – 2 – 10 中，显示器的 x 轴为 $10\mu s/div$（格），现测得 B 波与 T 波的距离为 10 格，F 波与 T 波的距离为 3.5 格。求：

　　（1）t_δ 及 t_F；

　　（2）钢板的厚度 δ 及缺陷与表面的距离 x_F。

　　解：（1）$t_\delta = 10\mu s/div \times 10 div = 100\mu s = 0.1ms$，$t_F = 10\mu s/div \times 3.5 div = 35\mu s = 0.035ms$。

　　（2）查表 5 – 2 – 1 得到纵波在钢板中的声速 $c = 5.9 \times 10^3 m/s$，则

$$\delta = t_\delta \times c_L/2 = (5.9 \times 10^3 \times 0.1 \times 10^{-3}/2)m \approx 0.3m$$

$$x_F = t_\delta \times c_F/2 = (5.9 \times 10^3 \times 0.035 \times 10^{-3}/2)m \approx 0.1m$$

四、流量的检测

1. 频率差法测量流量原理

　　F_1、F_2 是完全相同的超声探头，安装在管壁外面，通过电子开关的控制，交替地作为超声波发射器与接收器用，如图 5 – 2 – 16 所示。首先由 F_1 发射出第一个超声脉冲，它通过管壁、流体及另一侧管壁被 F_2 接收，此信号经放大后再次触发 F_1 的驱动电路，使 F_1 发射第二个声脉冲。紧接着，由 F_2 发射超声脉冲，而 F_1 作接收器，可以测得 F_1 的脉冲重复频率为 f_1。同理

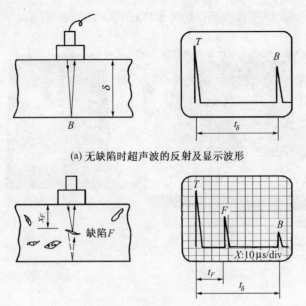

(a) 无缺陷时超声波的反射及显示波形

(b) 有缺陷时超声波的反射及显示波形

图 5 – 2 – 15　纵波探伤示意图

可以测得 F_2 的脉冲重复频率为 f_2。顺流发射频率 f_1 与逆流发射频率 f_2 的频率差 Δf 与被测流速 v 成正比,有如下关系:

$$\Delta f = f_1 - f_2 \approx \frac{\sin 2\alpha}{D}v \qquad (5-2-1)$$

2. 时间差法测量流量原理

时间差法测量流量原理:在被测管道上游、下游的一定距离上,分别安装两对超声波发射和接收探头 (F_1, T_1)、(F_2, T_2),如图 5 – 2 – 17 所示。其中 F_1、T_1 的超声波是顺流传播的,而 F_2、T_2 的超声波是逆流传播的。由于这两束超声波在液体中传播速度的不同,因此测量两接收探头上超声波传播的时间差为 Δt,可得到流体的平均速度及流量。

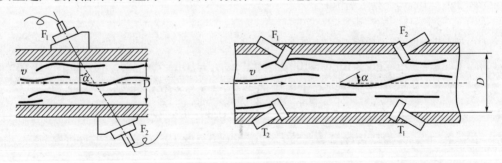

图 5 – 2 – 16　超声波流量频率差法测量原理　　　图 5 – 2 – 17　超声波流量时间差法测量原理

知识总结

1. 超声波是频率高于 20kHz 的机械振动波,根据传播方式的不同,超声波分为纵波、横波和表面波三种。

2. 超声波具有指向性好、能量集中的特点,且遇到两种不同介质的分界面时,能产生明显的反射与折射现象。超声波频率越高,其声场指向性越好,与光波的反射与折射特性就越接近。

3. 超声波传感器及其广泛,可用于测量距离、测量液体、测量流量、无损探伤、测厚、防盗报警等。

■ 学习评价

本学习情境评价根据知识的学习和项目工作的完成情况进行考核评价,注重过程的考核。根据学习情境中各项任务完成的主体不同,分别对个人和小组进行考核评价,学习评价表5-2-3所列。

表5-2-3　学习情境5.2考核评价表

组　别		第一组			第二组			第三组		
项目任务	分值	学生A	学生B	学生C	学生D	学生E	学生F	学生G	学生H	学生I
超声波特性的学习	10									
超声波传感器的学习	10									
超声波传感器的选择和使用	15									
超声波传感器对距离的测量	15									
煤仓煤位监测系统的实现	20									
学习报告书	15									
团队合作能力	15									

■ 思考题

1. 什么是超声波? 超声波有哪些特性?

2. 什么是超声波探头? 常用超声波探头的工作原理有哪几种?

3. 简述超声波测厚度、液位、流量的原理。

4. 利用 A 型探伤仪测量某一根钢制 $\phi 0.5m$、长约数米的轴的长度,从显示器中测得 B 波与 T 波的时间差 $t_\delta = 1.2ms$,求轴的长度。

5. 根据所学知识,说明图5-2-18中汽车倒车雷达的工作原理,并思考该原理还可以用于哪些场合。

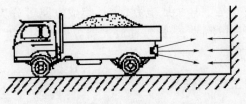

图5-2-18　汽车倒车雷达

6 学习情境6：速度的检测

学习子情境6.1：磁力测速仪的实现

■ 情境介绍

霍耳器件是一种磁传感器。用它们可以检测磁场及其变化,可在各种与磁场有关的场合中使用。霍耳器件以霍耳效应为其工作基础。霍耳器件具有许多优点,它们的结构牢固,体积小,重量轻,寿命长,安装方便,功耗小,频率高(可达1MHz),耐震动,不怕灰尘、油污、水汽及烟雾等的污染或腐蚀。霍耳线性器件的精度高、线性度好;霍耳开关器件无触点、无磨损、输出波形清晰、无抖动、无回跳、位置重复精度高。

测速装置在控制系统中占据重要地位,只有精确地掌握电机的运转速度,才能更好更安全地进行调速控制。霍耳传感器的速度测量仪器,不仅成本低,精度高,还可用于测量电机转速,实现汽车超速报警等,而且稍加改动便可实现磁场测量等拓展功能。霍耳式传感器在测量技术、自动控制、电磁测量、计算装置以及现代军事技术等领域中得到广泛应用。

■ 学习要点

1. 理解霍耳效应产生的原理;
2. 熟悉霍耳元件的结构及其特性;
3. 掌握霍耳集成电路的种类及使用方法;
4. 了解霍耳传感器测量转速的原理;
5. 了解霍耳传感器的其他检测应用。

■ 知识点拨

在众多传感器中,霍耳传感器是一种可以检测磁场大小的设备,但凡可以转换为磁感应强度 B 的非电量都可以通过霍耳传感器转换成同比例变化的电压信号。它的最大特点是非接触测量。霍耳传感器的核心是霍耳集成电路,霍耳集成电路可分为线性型和开关型两大类。该集成电路是将霍耳元件和恒流源、线性差动放大器等做在一个芯片上,输出电压为伏级,比直接使用霍耳元件方便得多。

一、霍耳传感器的工作原理

在一块通电的半导体薄片上,加上和薄片表面垂直的磁场 B,在薄片的横向两侧会出现一个电压,如图 $6-1-1$ 中的 V_H,V_H 称为霍耳电压,这种现象就是霍耳效应。该现象是由科学

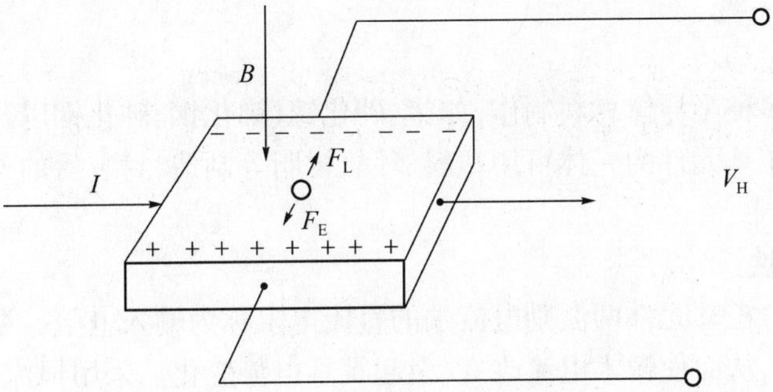

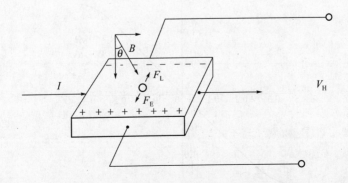

图 6-1-1　霍耳效应原理图

家爱德文·霍耳在 1879 年发现的。

　　这种现象的产生,是因为通电半导体片中的载流子在磁场产生的洛仑兹力的作用下,分别向片子横向两侧偏转和积聚,因而形成一个电场,称作霍耳电场。霍耳电场产生的电场力和洛仑兹力相反,它阻碍载流子继续堆积,直到霍耳电场力和洛仑兹力相等。这时,片子两侧建立起一个稳定的电压,这就是霍耳电压。

　　作用在半导体薄片上的磁场强度 B 越强,霍耳电势也就越高,流入激励端的电流 I 越大,霍耳电势也越高。霍耳电势 V_H 可用下式表示:

$$V_H = K_H IB \qquad (6-1-1)$$

式中　K_H——霍耳元件灵敏度;

　　　　I——流过霍耳元件的电流;

　　　　B——磁感应强度。

　　若磁感应强度 B 不垂直于霍耳元件,而是与其法线成某一角度 θ 时(图 6-1-2),实际上作用于霍耳元件上的有效磁感应强度是其法线方向(与薄片垂直的方向)的分量,即 $B\cos\theta$。这时的霍耳电势与法线的夹角的余弦成正比,即

$$V_H = K_H IB\cos\theta \qquad (6-1-2)$$

图 6-1-2　磁感应强度 B 不垂直于霍耳元件

　　霍耳电势与输入电流 I、磁感应强度 B 成正比。当 B 的方向改变时,霍耳电势的方向也随之改变。如果所施加的磁场为交变磁场,霍耳电势为同频率的交变电势。

二、霍耳元件及特性

1. 霍耳元件

霍耳元件可用多种半导体材料制作,如锗、砷化镓、锑化铟、砷化铟以及多层半导体异质结构量子阱材料等。霍耳元件的壳体可用塑料、环氧树脂等制造,封装后的外形如图6-1-3所示。

2. 霍耳元件特性

(1)输入电阻。霍耳元件两激励电流端的直流电阻称为输入电阻。温度升高,输入电阻变化,从而使输入电流改变,引起霍耳电势变化。采用恒流源,可减小影响。

(2)输出电阻。霍耳电势输出端间的电阻,其值也随温度而改变。选择适当负载与之匹配,可使温度变化引起的霍耳电势的漂移减至最小。

(3)最大激励电流。由于霍耳电势随激励电流的增大而增大,所以,在应用中总希望选用较大的激励电流,但激励电流增大会使霍耳元件的功耗增大及元件的温度升高,从而引起霍耳电势的温漂增大。因此,每种型号的霍耳元件均规定了相应的最大激励电流,其数值从几毫安至十几毫安。

图6-1-3 封装后的霍耳元件

(4)最大磁感应强度。磁感应强度超过某一特定值时,霍耳电动势的非线性误差将增大。

三、霍耳集成电路

霍耳集成电路是一种三端元件,它有体积小、灵敏度高、输出幅度大、温漂小,对电源稳定性要求低等特点。霍耳集成电路有线性型和开关型两种类型。

1. 线性型霍耳集成电路

线性型霍耳集成电路将霍耳元件和恒流源、线性差动放大器等做在一个芯片上,输出电压较高,为伏特级,比直接使用霍耳元件方便。较典型的线性型霍耳器件有 UGN3501 等。图6-1-4 给出了具有双端差动输出特性的线性霍耳器件的输出特性曲线。当磁场为零时,它的输出电压等于零;当感受的磁场为正向(磁钢的 S 极对准霍耳器件的正面)时,输出为正;磁场反向时,输出为负。

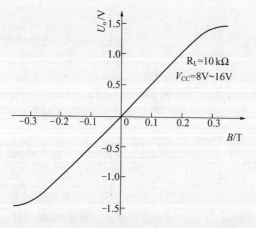

图6-1-4 线性型霍耳器件的输出特性曲线

2. 开关型霍耳集成电路

开关型霍耳集成电路：将霍耳元件、稳压电路、放大器、施密特触发器、OC 门（集电极开路输出门）等电路做在同一芯片上。当外加磁场强度超过规定的工作点时，OC 门由高阻态变为导通状态，输出变为低电平；当外加磁场强度低于释放点时，OC 门重新变为高阻态，输出高电平。较典型的开关型霍耳器件如 UGN3020 等。开关型霍耳集成电路如图 6-1-5 所示。

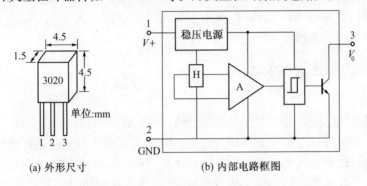

(a) 外形尺寸   (b) 内部电路框图

图 6-1-5 开关型霍耳集成电路

一般规定，当外加磁场的南极（S 极）接近霍耳电路外壳上打有标志的一面时，作用到霍耳电路上的磁场方向为正；北极接近标志面时为负。

开关型霍耳集成电路的史密特输出特性如图 6-1-6 所示，回差越大，抗振动干扰能力就越强。

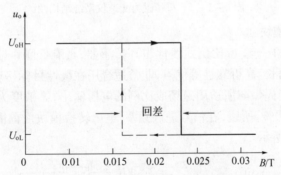

图 6-1-6 开关型霍耳集成电路特性

◢ 知识运用

一、霍耳传感器实现转速的检测

在被测转速的转轴上安装一个齿盘或选取机械系统中的一个齿轮，将线性霍耳器件及磁路系统靠近齿盘。随着齿盘的转动，由于齿顶和齿底到磁铁的距离不同，因而磁路的磁阻呈周期性变化，测量霍耳器件输出的脉冲频率经隔直、放大、整形后就可以确定被测物的转速。转速表达式为

$$n = 60\frac{f}{Z} \qquad\qquad (6-1-3)$$

式中　n——转速；

　　　f——检测的脉冲频率；

　　　Z——齿轮的齿数。

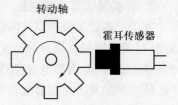

图6-1-7　霍耳转速测量图

如图6-1-7所示,当齿顶对准霍耳元件时,磁力线集中穿过霍耳元件,可产生较大的霍耳电动势,放大、整形后输出高电平;反之,当齿底对准霍耳元件时,输出为低电平。根据所得电平的频率即可求出相应的转速。

二、霍耳磁力测速仪的设计

1. 整体设计

霍耳磁力测速仪是利用霍耳传感器输出电压脉冲频率进而测量转速的,为了更精确、方便地测量与显示脉冲频率,采用了频率转换电压电路,因此,霍耳磁力测速仪系统结构如图6-1-8所示。整个系统可以分为四个模块:检测脉冲产生模块、频率/电压转换模块、A/D转换模块和计算显示模块。在电机的转动轴上装上小磁钢,每当小磁钢经过霍耳传感器时就会产生一个脉冲,测量出脉冲数和测量时间,计算得到的频率就是要得到的转速,然后显示出来。

图6-1-8　霍耳磁力测速仪系统结构图

2. 检测脉冲产生模块

选用 A1302EUA-T 连续型比例式线性霍耳传感器,具有低噪声输出、灵敏度高、快速上电、温度稳定性好、寿命长、高可靠性等优点,非常适合用在线性目标移动和旋转目标移动的位置检测系统中。可精确提供与所适用磁场成比例的电压输出,灵敏度为 1.3mV/G。其静态输出电压为电源电压的50%,所以,在信号进入频率/电压转换模块之前需要对变化量进行调零和放大,如图6-1-9所示。

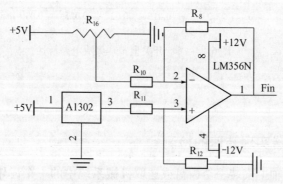

图6-1-9　调零放大电路

在图6-1-9中可以看到,两个输入电压分别为传感器输出电压和可变电阻 R_{16} 上的分压,在磁场强度为零时,传感器输出电压为电源电压的1/2。改变 R_{16} 的阻值,使差分放大电路输出电压为零,达到调零效果。选取阻值满足 $R_8/R_{10} = R_{12}/R_{11}$ 的关系,调整放大倍数,使输出电压在小磁钢经过传感器时幅度在 1V 以上,这样就形成了检测脉冲信号 Fin。

3. 频率/电压转换模块

为了使系统能够更精确地测量频率(转速)，设计采用美国国家半导体公司推出的速度(频率)/电压转换芯片 LM2907/LM2917，只需接少量的外围元件即可构成模拟式转速表。LM2907 为集成式频率/电压转换器，芯片中包含了比较器、充电泵、高增益运算放大器，能将频率信号转换为直流电压信号，将转速(频率)的变化与模拟信号输出相对应。

LM2907 进行频率倍增时只需使用一个 RC 网络；以地为参考点的转速计(频率)输入可直接从输入管脚接入；运算放大器/比较器采用浮动三极管输出；最大 50mA 的输出电流可驱动开关管、发光二极管等；内含的转速计使用充电泵技术，对低纹波有频率倍增功能；比较器的滞后电压为 30mV，利用这个特性可以抑制外界干扰；输出电压与输入频率成正比，线性度典型值为 ±0.3%；具有保护电路，不会受高于 V_{CC} 值或低于地参考点输入信号的损伤；在零频率输入时，LM2907 的输出电压可根据外围电路自行调节；当输入频率达到或超过某一给定值时，可将输出用于驱动继电器、指示灯等负载。应用电路如图 6-1-10 所示。

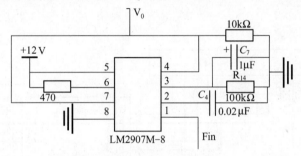

图 6-1-10　频率/电压转换电路

4. A/D 转换模块

由于测量值为模拟量，必须经过 A/D 转换模块后读入单片机。A/D 转换模块采用一种逐次比较式 8 路模拟输入，8 位数字量输出的 A/D 转换器为 ADC0809。A/D 转换电路如图 6-1-11 所示。

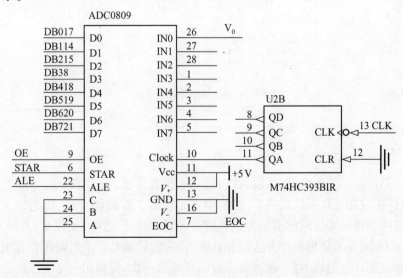

图 6-1-11　A/D 转换电路

片内带有锁存功能的 8 路选 1 的模拟开关,由 C、B、A 引脚的编码来决定所选通道。在这里只需要一路,方便起见将 A、B、C 三个引脚全部接地,选通 IN0 路,转换频率/电压转换的输出电压。直接用 +5V 的供电电源作为基准电压。由于 ADC0809 为 8 位数字量输出,当输入电压为 5.00V 时,输出数据值为 255(FFH),因此,最高数值分辨率为 0.0196V(5/255)。当输入值大于 5V 电压时,可在输入口使用分压电阻,而程序中只要将计算程序的除数进行调整即可,但是量程越大测量精度会降低。由于 ADC0809 片内无时钟,因此,可利用单片机提供的地址锁存允许信号 ALE 经 74HC393 进行 2 分频后获得。输出数据口直接跟单片机 P0 口连接上,然后通过单片机处理。

5. 计算显示模块

霍耳磁力测速仪的计算显示模块使用 STC89C52 单片机进行控制和计算,显示部分用 1602 液晶显示,电路简单,界面友好。单片机的 P0 口为 A/D 转换电压的数据接收口,P2 口控制 ADC0809 的转换和 1602 液晶模块功能的实现,P1 口为与 1602 液晶的数据传输口,实际电路如图 6 - 1 - 12 所示。

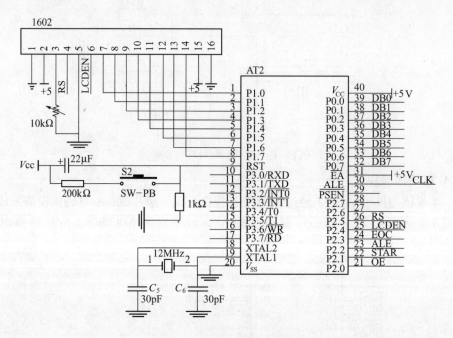

图 6 - 1 - 12　计算显示电路

知识拓展

因为霍耳器件需要工作电源,所以,在做运动或位置传感时,一般令磁体随被检测物体运动,将霍耳器件固定在工作系统的适当位置,用它去检测工作磁场,再从检测结果中提取被检信息。工作磁体和霍耳器件间的运动方式有对移、侧移、旋转、遮断,如图 6 - 1 - 13 所示。

图 6 - 1 - 14 所示的是用各种方法设置磁体,将它们和霍耳开关电路组合起来可以构成各种旋转传感器。霍耳电路通电后,磁体每经过霍耳电路一次,便输出一个电压脉冲。

由此,可对转动物体实施转数、转速、角度、角速度等物理量的检测。在转轴上固定一个叶轮和磁体,用流体(气体、液体)去推动叶轮转动,便可构成流速、流量传感器。在车轮转轴上

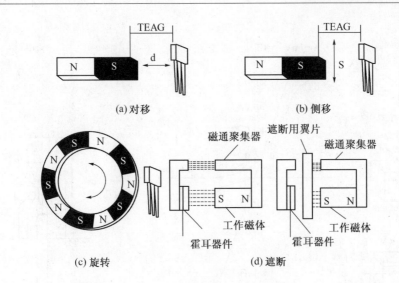

(a) 对移　　　　　　　　　　　　(b) 侧移

(c) 旋转　　　　　　　　　(d) 遮断

图 6 – 1 – 13　霍耳器件和工作磁体间的运动方式

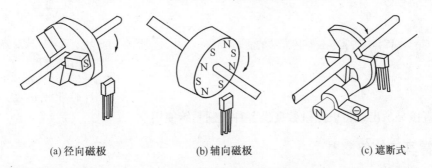

(a) 径向磁极　　　　　(b) 辅向磁极　　　　　(c) 遮断式

图 6 – 1 – 14　旋转传感器磁体设置

装上磁体,在靠近磁体的位置上装上霍耳开关电路,可制成车速表、里程表等。

一、霍耳位移传感器

若令霍耳元件的工作电流保持不变,而使其在一个均匀梯度磁场中移动,它输出的霍耳电压 V_H 值只由它在该磁场中的位移量 Z 来决定。图 6 – 1 – 15 给出三种产生梯度磁场的磁系统及其与霍耳器件组成的位移传感器的输出特性曲线,将它们固定在被测系统上,可构成霍耳微位移传感器。由图 6 – 1 – 15(b) 可见,这种结构在 $Z < 2mm$ 时,V_H 与 Z 有良好的线性关系,且分辨力可达 $1\mu m$。图 6 – 1 – 15(c) 的结构灵敏度高,但工作距离较小。

用霍耳元件测量位移的优点很多:惯性小、频响快、工作可靠、寿命长。以微位移检测为基础,可以构成压力、应力、应变、机械振动、加速度、重量、称重等霍耳传感器。

二、霍耳振动传感器

图 6 – 1 – 16 所示的是一种霍耳机械振动传感器。其中,1 为霍耳元件,固定在非磁性材料的平板 2 上,平板 2 紧固在顶杆 3 上,顶杆 3 通过触点 4 与被测对象接触,随之做机械振动。元件 1 置于磁系统 6 中。当触头 4 靠在被测物体上时,经顶杆 3,平板 2 使霍耳元件在磁场中按被测物的振动频率振动,霍耳元件输出的霍耳电压的频率和幅度反映了被测物的振动规律。应当说明,在现代电子装置中,上述应力、压力、加速度、振动等传感器所得数据,都可经微机进

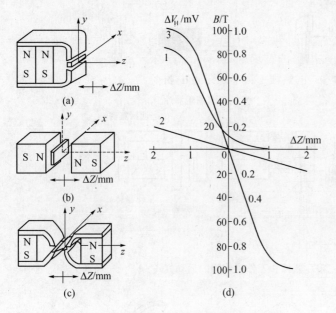

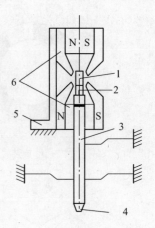

图 6 – 1 – 15　几种霍耳位移传感器的静态特性

图 6 – 1 – 16　霍耳机械振动传感器
结构原理

1—霍耳元件；2—平板；3—顶杆；
4—触点；5—支架；6—磁系统。

行处理后直接显示出或将被测量数据供各种控制系统使用。

三、霍耳液位传感器

图 6 – 1 – 17 所示的是两种霍耳液位传感器。图 6 – 1 – 17 中,霍耳器件装在容器外面,永磁体支在浮子上,随着液位变化,作用到霍耳器件上的磁场的磁感应强度改变,从而可测得液位。

用霍耳液位传感器检测液位时,因霍耳器件在液体之外,且系无接触传感,在检测过程中不产生火花,且可实现远距离测量,因此,可用来检测易燃、易爆、有腐蚀性和有毒的液体的液位和容器中的液体存量,在石油、化工、医药、交通运输中有广泛的用途。尽管目前已有许多不同工作原理的液位计出现,但对上述各种危险液体的液位实测表明,霍耳液位传感器是其中最好的检测方法和装置之一。

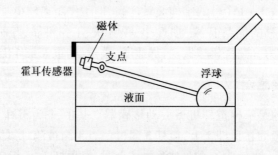

图 6 – 1 – 17　霍耳液位传感器

四、霍耳接近传感器和接近开关

在霍耳器件背后偏置一块永久磁体，并将它们和相应的处理电路装在一个壳体内，做成一个探头，将霍耳器件的输入引线和处理电路的输出引线用电缆连接起来，构成如图 6 - 1 - 18 所示的接近传感器。它们的功能框图如图 6 - 1 - 19 所示，图 6 - 1 - 19(a)为霍耳线性接近传感器，图 6 - 1 - 19(b)为霍耳接近开关。

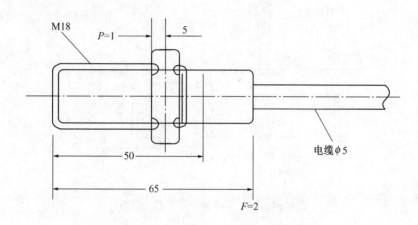

图 6 - 1 - 18　霍耳接近传感器的外形图

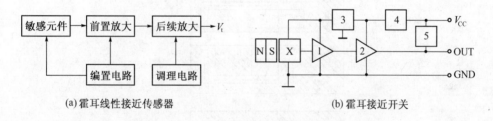

(a)霍耳线性接近传感器　　　　　　(b)霍耳接近开关

图 6 - 1 - 19　霍耳接近传感器的功能框图

霍耳线性接近传感器主要用于黑色金属的自控计数，黑色金属的厚度检测、距离检测、齿轮数齿、转速检测、测速调速、缺口传感、张力检测、棉条均匀检测、电磁量检测、角度检测等。

霍耳接近开关主要用于各种自动控制装置，完成所需的位置控制、加工尺寸控制、自动计数、各种计数、各种流程的自动衔接、液位控制、转速检测等。

五、霍耳翼片开关

霍耳翼片开关就是利用遮断方式工作的一种产品，它的外形如图 6 - 1 - 20 所示，其内部结构及工作原理如图 6 - 1 - 21 所示。

翼片未进入工作气隙时，霍耳开关电路处于导通态。翼片进入后，遮断磁力线，使开关变成截止态，它的状态转变的位置非常精确，在 125℃ 的温度范围内位置重复精度可达 50nm。将齿轮形翼片和轴相连，用在汽车点火器中作为点火开关，可得到准确的点火时间，使汽缸中的汽油充分燃烧，既可节约燃料，又能降低车辆排放的尾气的污染。霍耳翼片开关已在桑塔那、克莱斯勒等许多名车中使用。将它们用在工业自动控制系统中，可作为转速传感器、位置

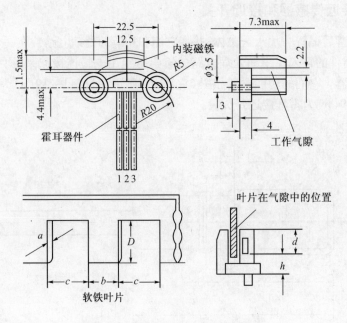

图 6 - 1 - 20　霍耳翼片开关的外形图

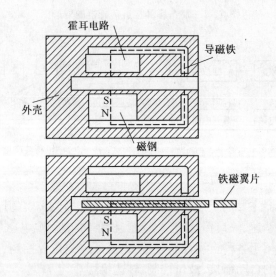

图 6 - 1 - 21　霍耳翼片开关的内部结构和工作原理示意图

开关、限位开关、轴编码器、码盘扫描器等。

六、霍耳加速度传感器

图 6 - 1 - 22 所示的是霍耳加速度传感器的结构原理和静态特性曲线。在盒体的 O 点上固定均质弹簧片 S,片 S 的中部 U 处装一惯性块 M,片 S 的末端 b 处固定测量位移的霍耳元件 H。H 的上下方装上一对永磁体,它们同极性相对安装。盒体固定在被测对象上,当它们与被测对象一起做垂直向上的加速运动时,惯性块在惯性力的作用下使霍耳元件 H 产生一个相对盒体的位移,产生霍耳电压 V_H 的变化。可从 V_H 与加速度的关系曲线上求得加速度。

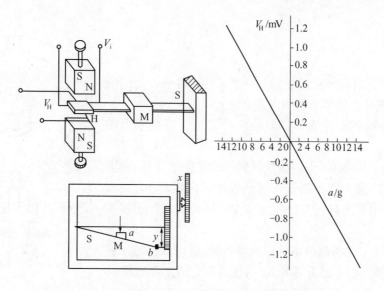

图 6 - 1 - 22 霍耳加速度传感器的结构及其静态特性

■ 知识总结

1. 霍耳传感器的主要器件是霍耳器件,是根据霍耳效应原理工作的。霍耳元件是把磁场能量转换成电量输出的器件,采用半导体材料制作,具有体积小、灵敏度高、寿命长的特点,应用广泛。

2. 霍耳集成电路分为线性型和开关型两种,其灵敏度很高,是三端元件,主要用于转速、微压力、转角、位移、加速度等物理量的测量。

3. 凡是可以转化成磁感应强度 B 变化的量都可以选择霍耳传感器去测量,霍耳传感器是一种非接触式测量的传感器。

■ 学习评价

本学习情境评价根据知识的学习和项目工作的完成情况进行考核评价,注重过程的考核。根据学习情境中各项任务完成的主体不同,分别对个人和小组进行考核评价,学习评价表如表 6 - 1 - 1 所列。

表 6 - 1 - 1 学习情境6.1考核评价表

组别		第一组			第二组			第三组		
项目任务	分值	学生 A	学生 B	学生 C	学生 D	学生 E	学生 F	学生 G	学生 H	学生 I
霍耳传感器原理的学习	10									
霍耳集成电路的学习	10									
霍耳元件的选择和安装	15									
霍耳传感器对速度的测量	15									
霍耳磁力测速仪的设计	20									
学习报告书	15									
团队合作能力	15									

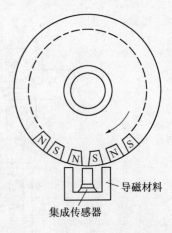

图 6 - 1 - 23　转速测量系统

■ 思考题

1. 分析霍耳效应产生的原因。一个霍耳元件在一定的电流控制下,其霍耳电动势与哪些因素有关?

2. 霍耳传感器有什么样的特点?可以用于哪些场合的检测?

3. 在图 6 - 1 - 6 中,当磁铁从远到近地接近霍耳 IC,到多少特斯拉时输出翻转?当磁铁从近到远地远离霍耳 IC,到多少特斯拉时输出再次翻转?回差为多少特斯拉?相当于多少高斯(Gs)?

4. 图 6 - 1 - 23 所示的是转速测量系统,转轮以转速 n 转动,在磁铁 N 极端面上贴有霍耳元件,试说明它的工作原理。

学习子情境 6.2：光电测速仪的实现

■ 情境介绍

光电传感器通常是指敏感到由紫外线到红外线光的能量,并能将光能转化成电信号的器件。应用这种器件检测时,是将其物理量的变化转换为光量的变化,再通过光电器件转化为电量。其工作原理是利用物质的光电效应。

光电传感器有着较为广泛的应用,这种传感器测量其他非电量(如转速、浊度)时,只要将这些非电量转换成光信号的变化即可。此种测量方法具有反应快、非接触等优点,因此在非电量检测中占有较大的比例。在本情境中将介绍光电效应、光电元件的结构和工作原理及特性,着重介绍光电传感器在转速测量中的应用。

■ 学习要点

1. 理解光电效应产生的原理;
2. 熟悉光电元件的结构及其特性;
3. 掌握光电元件的基本使用方法;
4. 了解光电传感器测量转速的原理;
5. 了解光电传感器的其他检测应用。

■ 知识点拨

一、光电传感器的工作原理

光电器件是构成光电式传感器最主要的部件。光电式传感器的工作原理如图 6 - 2 - 1 所示,首先把被测量的变化转换成光信号的变化,然后通过光电转换元件变换成电信号。图 6 -

2 - 1 中,X_1 表示被测量能直接引起光量变化的检测方式;X_2 表示被测量在光传播过程中调制光量的检测方式。

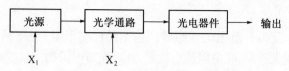

图 6 - 2 - 1　光电传感器工作原理

光电传感器工作的物理基础是基于光电效应实现的。光电效应是指物体吸收了光能后转换为该物体中某些电子的能量,从而产生的电效应的现象。光电效应分为外光电效应和内光电效应两大类。

1. 外光电效应

在光线作用下,能使电子逸出物体表面的现象称为外光电效应,如光电管、光电倍增管就属于这类光电器件。我们知道,光子是具有能量的粒子,每个光子具有的能量由下式确定:

$$E = h \times \nu \tag{6-2-1}$$

式中　h——普朗克常数,$6.626 \times 10^{-34}(\text{J} \cdot \text{s})$;

　　　ν——光的频率,Hz。

若物体中电子吸收的入射光的能量足以克服逸出功 A_0 时,电子就逸出物体表面,产生电子发射。因此,要使一个电子逸出,则光子能量 $h\nu$ 必须超出逸出功 A_0,超过部分的能量,表现为逸出电子的动能。

$$h\nu = \frac{1}{2}mv_0^2 + A_0 \tag{6-2-2}$$

式中　m——电子质量;

　　　v_0——电子逸出速度。

由式(6 - 2 - 2)可知:光电子能否产生,取决于光子的能量是否大于该物体的表面电子逸出功 A_0。不同物体具有不同的逸出功,这意味着每一个物体都有一个对应的光频阈值,称为红限频率或波长限。光线频率小于红限频率的入射光,光强再大也不会产生光电子发射。当入射光的频谱成分不变时,产生的光电流与光强成正比。光电子逸出物体表面具有初始动能,因此外光电效应器件(如光电管)即使没有加阳极电压,也会有光电流产生。

2. 内光电效应

受光照的物体导电率发生变化,或产生光生电动势的效应称为内光电效应。内光电效应又可分为以下两大类:

(1)光电导效应。在光线作用下,电子吸收光子能量从键合状态过渡到自由状态,而引起材料电阻率发生变化,这种效应称为光电导效应。基于这种效应的器件有光敏电阻等。

(2)光生伏特效应。在光线作用下能够使物体产生一定方向电动势的现象。基于该效应的器件有光电池和光敏晶体管等。

二、光电元件及特性

1. 光敏电阻

光敏电阻又称光导管,是内光电效应器件,它几乎都是用半导体材料制成的光电器件。光敏电阻器由硫化镉制成,所以简称为 CDS。光敏电阻没有极性,纯粹是一个电阻器件,使用时既可加直流电压,也可以加交流电压。无光照时,光敏电阻值(暗电阻)很大,电路中电流(暗电流)很小。

1)光敏电阻的结构特性

当光敏电阻受到一定波长范围的光照时,它的阻值(亮电阻)急剧减少,电路中电流迅速增大。一般希望暗电阻越大越好,亮电阻越小越好,此时光敏电阻的灵敏度高。实际光敏电阻的暗电阻值一般在兆欧级,亮电阻在几千欧以下。光敏电阻的原理结构与外形图如图6-2-2所示。

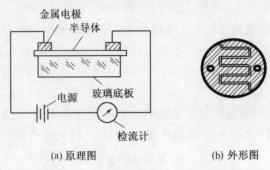

(a)原理图　　　　　(b)外形图

图6-2-2　光敏电阻的原理结构与外形图

2)光敏电阻的主要参数

(1)暗电阻:光敏电阻在不受光时的阻值称为暗电阻,此时流过的电流称为暗电流。

(2)亮电阻:光敏电阻在受光照射时的电阻称为亮电阻,此时流过的电流称为亮电流。

(3)光电流:亮电流与暗电流之差称为光电流。

3)光敏电阻的基本特性

(1)伏安特性。在一定照度下,流过光敏电阻的电流与光敏电阻两端的电压的关系称为光敏电阻的伏安特性。图6-2-3为硫化镉光敏电阻的伏安特性曲线。由图6-2-3可见,光敏电阻在一定的电压范围内,其$I-U$曲线为直线,说明其阻值与入射光量有关,而与电压、电流无关。

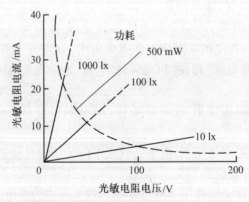

图6-2-3　硫化镉光敏电的伏安特性

(2)光谱特性。光敏电阻的相对光敏灵敏度与入射波长的关系称为光谱特性,也称为光谱响应。图6-2-4为几种不同材料光敏电阻的光谱特性。对应于不同波长,光敏电阻的灵敏度是不同的。

(3)光照特性。光敏电阻的光照特性是光敏电阻的光电流与光强之间的关系,如图

6-2-5所示。由于光敏电阻的光照特性呈非线性，因此不宜作为测量元件，一般在自动控制系统中常用作开关式光电信号传感元件。

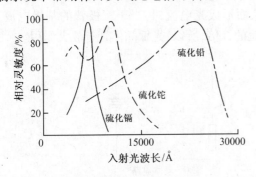
图6-2-4　几种不同材料光敏电阻的光谱特性

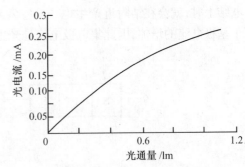
图6-2-5　光敏电阻的光照特性

（4）温度特性。光敏电阻受温度的影响较大。当温度升高时，它的暗电阻和灵敏度都下降。

4）光敏电阻的基本应用电路

在图6-2-6所示的电路中，可利用光敏电阻将光线的强弱变为电阻值的变化，以达到光控制电路的目的。

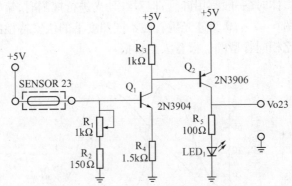
图6-2-6　光敏电阻的基本应用电路

2. 光敏二极管和光敏晶体管

1）光敏二极管和光敏晶体管的基本特性

光敏二极管的结构与一般二极管相似。它装在透明玻璃外壳中，其PN结装在管的顶部，可以直接受到光照射（图6-2-7(a)）。光敏二极管在电路中一般是处于反向工作状态（图6-2-7(c)），在没有光照射时，反向电阻很大，反向电流很小，这种反向电流称为暗电流。

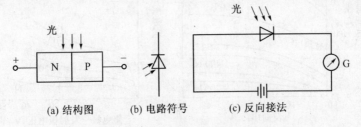
图6-2-7　光敏二极管的结构原理

　　图6-2-8为NPN型光敏晶体管结构简图和基本电路,大多数光敏晶体管的基极无引出线,当集电极加上相对于发射极为正的电压而不接基极时,集电结就是反向偏压;当光照射在集电结上时,就会在结附近产生电子—空穴对,从而形成光电流,相当于三极管的基极电流。由于基极电流的增加,因此集电极电流是光生电流的β倍,所以,光敏晶体管有放大作用。

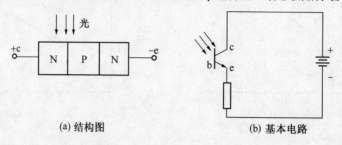

(a) 结构图　　　　　　　　(b) 基本电路

图6-2-8　NPN型光敏晶体管结构简图和基本电路

　　2) 基本特性

　　(1) 光谱特性。光敏二极管和晶体管的光谱特性曲线如图6-2-9所示。可以看出,硅的峰值波长约为$0.9\mu m$,锗的峰值波长约为$1.5\mu m$,此特性时灵敏度最大,而当入射光的波长增加或缩短时,相对灵敏度也下降。一般来讲,锗管的暗电流较大,因此性能较差,所以,在可见光或探测赤热状态物体时,一般都用硅管;但对红外光进行探测时,锗管较为适宜。

　　(2) 伏安特性。图6-2-10为硅光敏管在不同照度下的伏安特性曲线图。从图中可见,光敏晶体管的光电流比相同管型的二极管大上百倍。

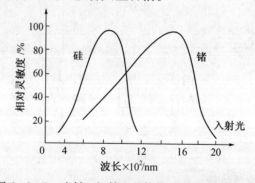

图6-2-9　光敏二极管和晶体管的光谱特性曲线图

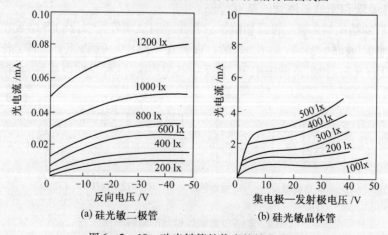

(a) 硅光敏二极管　　　　　　　(b) 硅光敏晶体管

图6-2-10　硅光敏管的伏安特性曲线图

（3）温度特性。光敏晶体管的温度特性是指其暗电流及光电流与温度的关系。光敏晶体管的温度特性曲线如图6-2-11所示。从特性曲线图中可以看出，温度变化对光电流影响很小，而对暗电流影响很大，所以，在电子线路中应该对暗电流进行温度补偿，否则将会导致输出误差。

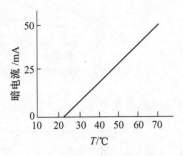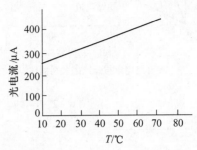

图6-2-11　光敏晶体管的温度特性

3. 光电池

光电池是在光线照射下，直接将光能转换为电能的光电器件。光电池在有光线作用下实质就是电源，电路中有了这种器件就不需要外加电源。光电池的工作原理是"光生伏特效应"。图6-2-12为光电池的工作原理图。

1）基本特性

（1）光谱特性。光电池对不同波长的光的灵敏度不同。图6-2-13为硅光电池和硒光电池的光谱特性曲线。从图中可知，不同材料的光电池，光响应峰值所对应的入射光波长是不同的，硅光电池在0.8μm附近，硒光电池在0.5μm附近。硅光电池的光谱响应波长范围为0.4μm~1.2μm，而硒光电池的范围只能为0.38μm~0.75μm。因此硅光电池可以在很宽的波长范围内得到应用。

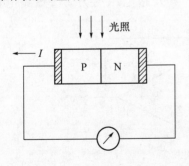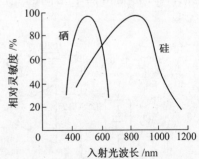

图6-2-12　光电池的工作原理图　　　　图6-2-13　硅光电池和硒光电池的光谱特性谱

（2）光照特性。光电池在不同光照度下，光电流和光生电动势是不同的，它们之间的关系就是光照特性。图6-2-14为硅光电池的开路电压和短路电流与光照的关系曲线。

（3）温度特性。光电池的温度特性是描述光电池的开路电压和短路电流随温度变化的情况。由于它关系到应用光电池的仪器或设备的温度漂移，影响到测量精度或控制精度等重要指标，因此，温度特性是光电池的重要特性之一。光电池的温度特性如图6-2-15所示。

（4）频率特性。光电池的频率特性就是反映光的交变频率和光电池输出电流的关系，如图6-2-16所示。从曲线可以看出，硅光电池有很高的频率响应，可用在高速计数、有声电影等方面。这是硅光电池在所有光电元件中最为突出的优点。

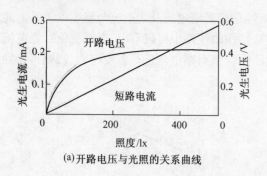

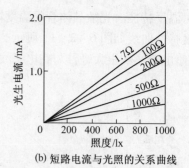

（a）开路电压与光照的关系曲线　　（b）短路电流与光照的关系曲线

图 6-2-14　硅光电池的光照特性

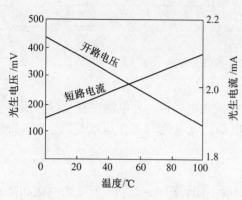

图 6-2-15　光电池的温度特性

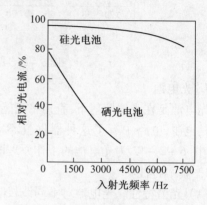

图 6-2-16　光电池的频率特性

2）应用电路

光电池转换电路如图 6-2-17 所示，能将光的照度转换为电压形式输出。该电路所使用的光电池，其外形是由四个相同的光电池串联而成，其开路电压约为 2V，短路电流约为 $0.08\mu A/lx$。

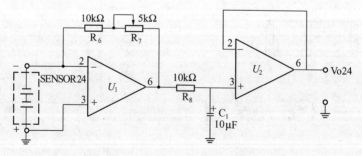

图 6-2-17　光电池转换电路

由光电池特性得知，光电池的开路电压 V_{op} 与入射光强度的对数成正比，呈非线性关系，而短路电流 I_{sh} 却是与照度成正比，所以，一般转换电路大都采用短路电流做转换，而不采用开路电压。图 6-2-17 中的 U1 为一个电流—电压转换电路，可将光电池的短路电流转换成电压。因运算放大器有虚接地的特性，光电池接在运算放大器的正负两端相当于光电池短路，运算放大器的输入电流几乎为零，所以，全部的 I_{sh} 流到 R_6 与 R_7，使 U1 的输出电压 $V_1 = I_{sh}(R_6 + R_7)$。所以，可调整 R_7 的大小，使得输出电压为 1mV/lx，这种调整方式称为扩展率调整（Span Adjust）。

若现场含有 AC110V、60Hz 的交流成分存在,由 R_8(10k)、C_1(10μF) 所组成的低通滤波器,可将 120Hz 的交流成分滤除,使得转换电路的输出电压为平均照度的电压信号。U2 为一电压跟随器($AV \approx 1$),作为缓冲器。

■ 知识运用

一、光电传感器实现转速的检测

在被测转速的转轴上安装一个齿盘或选取机械系统中的一个齿轮,将光发射元件(发光二极管)与接收元件(光敏二极管)置于齿盘的两边。当齿盘转动时,光敏二极管周期性地接收光照,因而使输出呈周期性变化,输出的脉冲频率经隔直、放大、整形后就可以确定被测物的转速。转速表达式见式(6-1-3)。光发射元件的与接收元件的安装方法如图6-2-18所示。

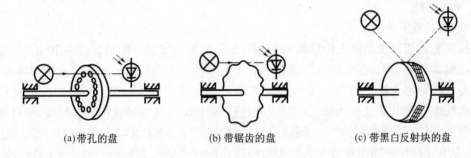

(a)带孔的盘　　　　(b)带锯齿的盘　　　　(c)带黑白反射块的盘

图6-2-18　光发射元件与接收元件的安装方法

二、光电测速仪的设计

1. 系统设计

光电测速仪是利用光敏二极管输出电压脉冲频率进行测量转速的,以单片机为核心对光电开关产生的数字信号进行运算,从而测得电机的转速,然后用 1602LCD 液晶显示屏把电机的转速显示出来。即通过光电开关将电机的转数转换成 0、1 的数字量,只要转轴每旋转一周,产生一个或固定的多个脉冲,并将脉冲送入单片机中进行计数和计算,就可获得转速的信息。

光电测速仪系统主要由传感器检测单元、信号采集系统、单片机电路和显示电路等几个部分组成,如图6-2-19所示。

图6-2-19　光电测速仪系统框图

1)传感器检测单元

将光电转速传感器正对着信号盘。测量头由光电转速传感器组成,而且测量头两端的距离与信号盘的距离相等。测量用器件封装后,固定装在贴近信号盘的位置,当信号盘转动时,光电元件即可输出正负交替的周期性脉冲信号。信号盘旋转一周产生的脉冲数等于其上的齿数。因此,脉冲信号的频率大小就反映了信号盘转速的高低。该装置的优点是输出信号的幅值与转速无关,而且可测转速范围大,一般为 1r/s ~ 104 r/s,精确度高。

2)信号采集及其处理

被测物理量经过传感器变换后,变为电阻、电流、电压、电感等某种电参数的变化值。为了进行信号的分析、处理、显示和记录,必须对信号做放大、运算、分析等处理,这就引入了中间变化电路。

3)单片机处理电路

用于测量转速的脉冲通过 P3.5/T1 输入单片机,用 AT89S52 的定时计数器 T1 对脉冲信号进行计数,用定时计数器 T0 进行定时。每 10ms 产生一个中断,对 1602LCD 液晶显示屏进行刷新。产生 500 个中断后(5s),进行一次转速处理,再通过单片机对 T1 的脉冲数进行运算转换后,用 1602LCD 液晶显示屏显示电机的转速。

4)显示电路

系统通过 1602LCD 液晶显示屏实时显示电机的转速值。

2. 硬件设计

1)检测装置安装

此检测装置按照发动机上传感器的实际安装位置进行安装。如图 6 - 2 - 20 所示,将信号盘固定在电动机转轴上,光电转速传感器正对着信号盘。光电转速传感器接有四根导线,用于连接发光二极管和光敏三极管。其中,发光二极管的红线连接其正极,绿线连接其负极,光敏三级管的红线连接其集电极,绿线连接其发射极。测量头由光电转速传感器组成,而且测量头两端的距离与信号盘的距离相等。测量用器件封装后,固定装在贴近信号盘的位置,当信号盘转动时,光电元件即可输出正负交替的周期性脉冲信号。信号盘旋转一周产生的脉冲数等于其上的齿数。因此,脉冲信号的频率大小就反映了信号盘转速的高低。该装置的优点是输出信号的幅值与转速无关,而且可测转速范围大,一般为 1r/s ~ 104 r/s,精确度高。

2)信号处理电路

被测物理量经过传感器变换后,变为电阻、电流、电压、电感等某种电参数的变化值。为了进行信号的分析、处理、显示和记录,必须对信号做放大、运算、分析等处理,这就引入了中间变化电路,如图 6 - 2 - 21 所示。其中,R_1、R_4 起限流作用,R_2 起分流作用,R_3 为输出电阻。当转盘上的梯形孔旋转至与光电开关的透光位置重合时,输出低电平;当通光孔被遮住时,输出高电平。

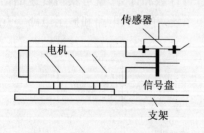

图 6 - 2 - 20　光电测速仪的安装

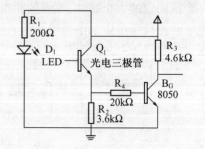

图 6 - 2 - 21　中间变化电路

3)主控单元

如图 6 - 2 - 22 所示,X_1 为 12MHz 的晶振,9 口为复位接口,通过开关控制。用于测量转速的脉冲通过 P3.5/T1 输入单片机,用 AT89S52 的定时计数器 T1 对脉冲信号进行计数,用定时计数器 T0 进行定时。每 10ms 产生一个中断,对 1602LCD 液晶显示屏进行刷新。产生 100 个中断后(1s),进行一次转速处理,再通过单片机对 T1 的脉冲数进行运算转换后,用 1602LCD 液晶显示屏显示电机的转速。

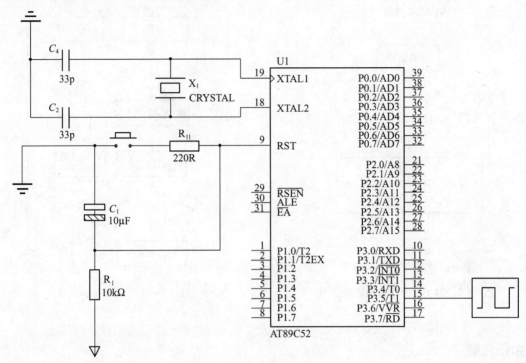

图 6 - 2 - 22   主控电路结构

4）液晶显示电路

液晶模块 LCD1602 与单片机的接口电路如图 6 - 2 - 23 所示。液晶模块的 1 脚和 2 脚分别接入电源的地和电源;3 脚 ~ 10 脚分别接单片机的 8 个 P2 口;11、13 脚接单片机 P3.0、P3.2,12 脚接地,表示 LCD 的使能是读取还是写入信号,是传输数据还是将指令由单片机内部程序作用实现。14 脚通过一个 10kΩ 的可调电阻接地,使得 LCD 显示的对比度适中。

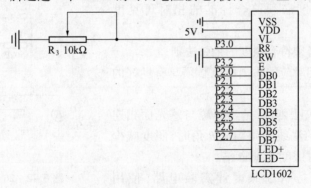

图 6 - 2 - 23   液晶显示电路接口

3. 软件设计

系统用计数程序采集信号脉冲,用定时器产生中断,对 1602LCD 液晶显示屏刷新,并对缓冲区数据进行更新,辅以 1602LCD 液晶显示屏进行显示,如图 6 - 2 - 24、图 6 - 2 - 25 所示。

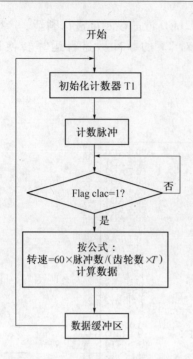

图 6 - 2 - 24　脉冲计数程序流程图

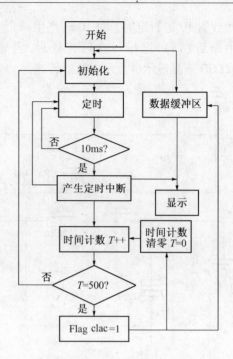

图 6 - 2 - 25　定时显示流程

知识拓展

一、基于光敏传感器的便携式照度计

光敏二极管的输出电流与照度成正比。照度就是单位感光面积上的光通量的大小,照度计是光敏二极管的最基本电路。除此之外的测光方法虽然还有很多,但都是首先将它们变换成感光面的照度进行测量的。

作为照度计使用的光敏二极管必须具备的条件包括以下几个:

(1) 分光灵敏度必须符合标准的相对可见度曲线;

(2) 角度特性必须符合照度的余弦法则;

(3) 与入射光相对应的输出电流必须具有良好的线性稳定性;

(4) 照度的余弦法则,就是当光源与感光面相连接的直线同感光面的法线之间构成 θ 角时,照度减少到入射光垂直照射时照度的 $\cos\theta$ 倍。

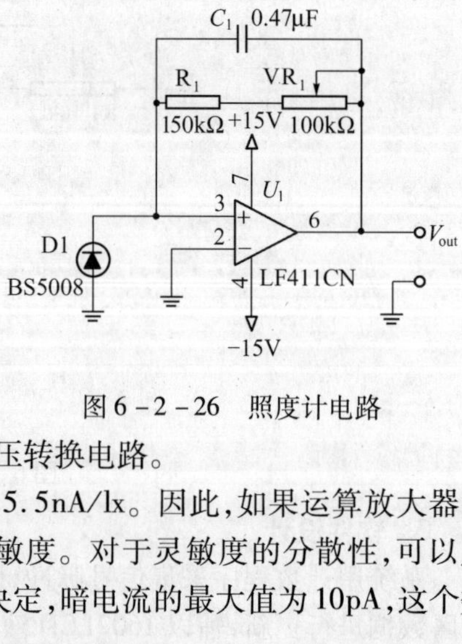

图 6 - 2 - 26 是一个照度计实验电路,使用

图 6 - 2 - 26　照度计电路

BS500B 光敏二极管,用普通的运算放大器构成电流—电压转换电路。

BS500B 的输出电流是每 100lx 为 0.55uA,也就是说 5.5nA/lx。因此,如果运算放大器的反馈电阻 RF 取为 180kΩ,那么就可以得到 1mV/lx 的灵敏度。对于灵敏度的分散性,可以用电位器 VR_1 进行调整。BS500B 的低照度特性由暗电流决定,暗电流的最大值为 10pA,这个数值会给其低照度的测量带来麻烦。因此，BS500B 的低照度测量只可以从 0.0025lx 开始，不过其动态范围可高达 112dB 以上。为了实现如此宽范围的测量，通常可以使用对数放大器。这种使用对数放大器的电路如图 6－2－27 所示。

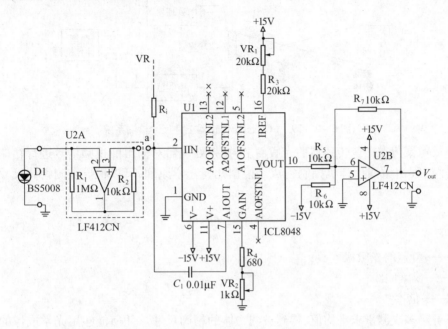

图 6－2－27　宽范围照度计电路

二、路灯自动点灭器

图 6－2－28 为光电池转换电路所组合而成的路灯自动点灭器的电路。灯泡代表一个路灯，当感测的亮度太暗时，路灯必须亮起；但当亮度超过设定时，路灯必须熄灭，停止照明。

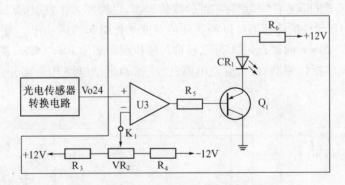

图 6－2－28　路灯自动点灭电路

三、CCD 图像传感器的应用

CCD 图像传感器具有将光像转换为电荷分布以及电荷的存储和转移等功能，所以，它是构成 CCD 固态图像传感器的主要光敏器件，从而取代了摄像装置中的光学扫描系统或电子束扫描系统。CCD 图像传感器具有高分辨力和高灵敏度，具有较宽的动态范围，这些特点决定了它可以广泛用于自动控制和自动测量，尤其适用于图像识别技术。CCD 图像传感器在检测物体的位置、工件尺寸的精确测量及工件缺陷的检测方面有独到之处。

图 6-2-29 为 CCD 图像传感器工件尺寸检测系统。

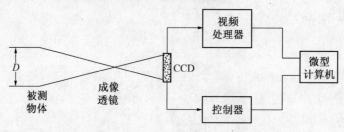

图 6-2-29　CCD 图像传感器工件尺寸检测系统

物体成像聚焦在图像传感器的光敏面上,视频处理器对输出的视频信号进行存储和数据处理,整个过程由微型计算机控制完成。根据几何光学原理,可以推导被测物体尺寸计算公式,即

$$D = \frac{np}{M} \tag{6-2-3}$$

式中　n——覆盖的光敏像素数;

　　　p——像素间距;

　　　M——倍率。

微机可对多次测量求平均值,得到被测物体的精确尺寸。任何能够用光学成像的零件都可以用这种方法,实现不接触的在线自动检测的目的。

四、红外传感器的应用

红外传感器可用于设计人体检测仪。人体、动物等具有表面温度的物体都能辐射出远红外波。辐射的红外线波长跟物体有关,表面温度越高,辐射的能量越强。红外线的中心波长约 $10\mu m$。采用中心波长的双元件,如热释电红外线传感器,可检测人体发射的红外线,且与穿的衣服多少无关。采用双元件的传感器可以消除环境温度变化引起的误动作。为了提高检测距离,采用焦距为 15mm~20mm 的聚光光学系统,这样可使检测距离为 10m~12m,视角为 70 左右。

人体检测电路包括传感器、放大滤波电路、比较器和驱动电路几个部分,其主体电路如图 6-2-30 所示。

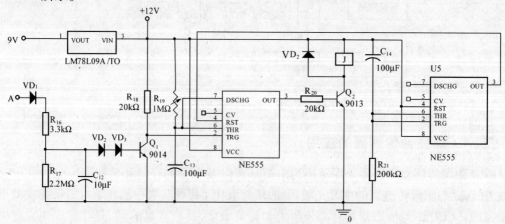

图 6-2-30　人体检测电路

知识总结

1. 光电传感器的理论基础是光电效应,光电效应分为三类：内光电效应、外光电效应、光生伏特现象。

2. 光电传感器属于非接触式传感器,依照被测物、光源、光电元件三者之间的关系可以将光电传感器得应用分为四种类型:光源本身是被测物的应用、被测物吸收光通量的应用、被测物反射光通量的应用、被测物遮挡光通量的应用。

3. 光电传感器测量转速时,将光发射元件与接收元件置于齿盘的两边,当齿盘转动时,光敏二极管周期性地接收光照,因而使输出呈周期性变化。输出的脉冲频率经隔直、放大、整形后就可以确定被测物的转速。

学习评价

本学习情境评价根据知识的学习和项目工作的完成情况进行考核评价,注重过程的考核。根据学习情境中各项任务完成的主体不同,分别对个人和小组进行考核评价,学习评价表如表6-2-1所列。

表6-2-1　学习情境6.2考核评价表

组别		第一组			第二组			第三组		
项目任务	分值	学生A	学生B	学生C	学生D	学生E	学生F	学生G	学生H	学生I
光电传感器原理的学习	10									
光敏原件及特性学习	10									
光敏元件的识别与选择	15									
光电传感器对速度的测量	15									
光电测速仪的设计	20									
学习报告书	15									
团队合作能力	15									

思考题

1. 什么是光电效应? 光电效应通常分为哪几类?

2. 光电效应测量转速的原理是什么?

3. 光敏二极管与普通二极管最大的区别是什么?

4. 打开家中的自来水表,观察其结构及工作过程,思考如何利用所学的光电测速原理在自来水表玻璃外面安装若干电子元件,使之变成数字式自来水表流量计。试写出你的设计方案。

5. 思考如何利用热释电元件实现宾馆大门的自动打开与关闭。

附录

附录 A 传感器分类表

表 A-1 传感器分类表

传感器分类		转换电路	传感器名称	典型应用
转换形式	中间参量			
电参量	电阻	移动电位器触电改变电阻	电位器传感器	位移
		改变电阻丝或片的尺寸	电阻丝应变传感器、半导体传感器	微应变、力、负荷
		利用电阻的温度效应(电阻温度系数)	热丝传感器	气流速度、液体流量
			电阻温度传感器	温度、辐射热
			热敏电阻传感器	温度
		利用电阻的光敏效应	光敏电阻传感器	光强
		利用电阻的湿敏效应	湿敏电阻	湿度
	电感	改变磁路的几何尺寸、磁导体位置	电感传感器	位移
		涡流去磁效应	涡流传感器	位移、厚度、硬度
		利用压磁效应	压磁传感器	力、压力
		改变互感	差动变压器	位移
			自整角机	位移
			旋转变压器	位移
	电容	改变电容的几何尺寸	电容传感器	力、压力、负荷、位移
		改变电容的介电常数		液位、厚度、含水量
	频率	改变谐振回路中的固有参数	振弦式传感器	压力、力
			振筒式传感器	气压
			石英谐振传感器	力、温度等
	计数	利用莫尔条纹	光栅	大角位移、大直线位移
		改变互感	感应同步器	
		利用拾磁信号	磁栅	
	数字	利用数字编码	角数字编码器	大角位移
电量	电动势	温度电动势	热电偶	温度、热流
		霍耳效应	霍耳传感器	磁通、电流
		电磁感应	磁电传感器	速度、加速度
		光电效应	光电池	光强
	电荷	辐射效应	电离室	离子计数、放射性强度
		压电效应	压电传感器	动态力、加速度

附录 B 常用传感器性能比较表

表 B-1 常用传感器性能比较表

传感器类型	典型示值范围	特点及对环境的要求	应用场合与领域
电位器	500mm 以下或 360° 以下	结构简单,输出信号大,测量电路简单,摩擦力大,需要较大的输入能量,动态响应差,应置于无腐蚀性气体的环境中	直线和角位移测量
应变片	2000μm 以下	体积小,价格低廉,精度高,频率特性较好,输出信号小,测量电路复杂,易损耗	力、应力、应变、小位移、振动、速度、加速度及扭矩测量
自感互感	0.001mm ~ 20mm	结构简单,分辨力高,输出电压高,体积大,动态响应较差,需要较大的激励功率,易受环境振动的影响	小位移、液体及气体的压力测量、振动测量
电涡流	100mm 以下	体积小,灵敏度高,非接触式,安装使用方便,频率响应好,应用领域广,测量结果标定复杂,需远离非被测的金属物	小位移、振动、加速度、振幅、转速、表面温度及状态测量、无损探伤
电容	0.001mm ~ 0.5mm	体积小,动态响应好,能在恶劣条件下工作,需要的激励源功率小,测量电路复杂,对湿度影响较敏感,需要良好的屏蔽	小位移、气体及液体压力测量、与介电常数有关的参数如含水量、湿度、液位测量
压电	0.5mm 以下	体积小,高频响应好,属于发电型传感器,测量电路简单,受潮后易产生漏电	振动、加速度、速度测量
光电	视应用情况而定	非接触式测量,动态响应好,精度高,应用范围广,易受环境杂光干扰,需要防光护罩	亮度、温度、转速、位移、振动、透明度测量,或其他特殊领域的应用
霍耳	5mm 以下	体积小,灵敏度高,线性好,动态响应好,非接触式,测量电路简单,应用范围广,易受外界磁场、温度变化的干扰	磁场强度、角度、位移、振动、转速、压力测量或其他特殊场合应用
热电偶	-200℃ ~ 1300℃	体积小,精度高,安装方便,属发电型传感器,测量电路简单,冷端补偿复杂	测温度
超声波	视应用情况而定	灵敏度高,动态响应好,非接触式,应用范围广,测量电路复杂,测量结果标定复杂	距离、速度、位移、流量、流速、厚度、液位、物位测量及无损伤
光栅	0.001mm ~ 1 × 10⁴mm	测量结果易数字化,精度高,受温度影响小,成本高,不耐冲击,易受油污及灰尘影响,应有遮光、防尘的保护罩	大位移,静动态测量,多用于自动化机床
磁栅	0.001mm ~ 1 × 10⁴mm	测量结果易数字化,精度高,受温度影响小,录磁方便,成本高,易受外界磁场影响,需要磁屏蔽	大位移,静动态测量,多用于自动化机床
感应同步器	0.005mm 至几米	测量结果易数字化,精度较高,受温度影响小,对环境要求低,易产生接长误差	大位移,静动态测量,多用于自动化机床

附录 C 热电阻分度表

表 C-1 热电阻分度表

工作端温度/℃	电阻值/Ω Cu50	电阻值/Ω Pt100	工作端温度/℃	电阻值/Ω Cu50	电阻值/Ω Pt100	工作端温度/℃	电阻值/Ω Cu50	电阻值/Ω Pt100
-200		18.52	160		161.05	520		287.62
-190		22.83	170		164.77	530		290.92
-180		27.10	180		168.48	540		294.21
-170		31.34	190		172.17	550		297.49
-160		35.54	200		175.86	560		300.75
-150		39.72	210		179.53	570		304.01
-140		43.88	220		183.19	580		307.25
-130		48.00	230		186.84	590		310.49
-120		52.11	240		190.47	600		313.71
-110		56.19	250		194.10	610		316.92
-100		6026	260		197.71	620		320.12
-90		64.30	270		201.31	630		323.30
-80		68.33	280		204.90	640		326.48
-70		72.33	290		208.48	650		329.64
-60		76.33	300		212.05	660		332.79
-50	39.24	80.31	310		215.61	670		335.93
-40	41.40	84.27	320		219.15	680		339.06
-30	43.55	88.22	330		222.68	690		342.18
-20	45.70	92.16	340		226.21	700		345.28
-10	47.85	96.06	350		229.72	710		348.38
0	50.00	100.00	360		233.21	720		351.46
10	52.14	103.90	370		236.70	730		345.53
20	54.28	107.79	380		240.18	740		357.59
30	56.42	111.67	390		243.64	750		360.64
40	58.56	115.54	400		247.09	760		363.67
50	60.70	119.40	410		250.53	770		366.70
60	62.84	123.24	420		253.96	780		369.71
70	64.98	127.08	430		257.38	790		372.71
80	67.12	130.90	440		260.78	800		375.70
90	69.12	134.71	450		264.18	810		378.68
100	71.40	138.51	460		267.56	820		381.65
110	73.54	142.29	470		270.93	830		384.60
120	75.68	146.07	480		274.29	840		387.55
130	77.83	149.83	490		277.64	850		390.48
140	79.98	153.58	500		280.98			
150	82.13	157.33	510		284.30			

附录 D　热电偶分度表

表 D-1　铂铑$_{30}$—铂铑$_6$（B 型）热电偶分度表

工作端温度/℃	热电动势/mV	工作端温度/℃	热电动势/mV	工作端温度/℃	热电动势/mV	工作端温度/℃	热电动势/mV
0	0.000	350	0.596	700	2.430	1050	5.297
10	-0.002	360	0.632	710	2.499	1060	5.391
20	-0.003	370	0.669	720	2.569	1070	5.487
30	-0.002	380	0.707	730	2.639	1080	5.583
40	0.000	390	0.746	740	2.710	1090	5.680
50	0.002	400	0.786	750	2.782	1100	5.777
60	0.006	410	0.827	760	2.855	1110	5.875
70	0.011	420	0.870	770	2.928	1120	5.973
80	0.017	430	0.913	780	3.003	1130	6.073
90	0.025	440	0.957	790	3.078	1140	6.172
100	0.033	450	1.002	800	3.154	1150	6.273
110	0.043	460	1.048	810	3.231	1160	6.374
120	0.053	470	1.095	820	3.308	1170	6.475
130	0.065	480	1.143	830	3.387	1180	6.577
140	0.078	490	1.192	840	3.466	1190	6.680
150	0.092	500	1.241	850	3.546	1200	6.783
160	0.107	510	1.292	860	3.626	1210	6.887
170	0.123	520	1.344	870	3.708	1220	6.991
180	0.140	530	1.397	880	3.790	1230	7.096
190	0.159	540	1.450	890	3.873	1240	7.202
200	0.178	550	1.505	900	3.957	1250	7.308
210	0.199	560	1.560	910	4.041	1260	7.414
220	0.220	570	1.617	920	4.126	1270	7.521
230	0.243	580	1.674	930	4.212	1280	7.628
240	0.266	590	1.732	940	4.298	1290	7.736
250	0.291	600	1.791	950	4.386	1300	7.845
260	0.317	610	1.851	960	4.474	1310	7.953
270	0.344	620	1.912	970	4.562	1320	8.063
280	0.372	630	1.974	980	4.652	1330	8.172
290	0.401	640	2.036	990	4.742	1340	8.283
300	0.431	650	2.100	1000	4.833	1350	8.393
310	0.462	660	2.164	1010	4.924	1360	8.504
320	0.494	670	2.230	1020	5.016	1370	8.616
330	0.527	680	2.296	1030	5.109	1380	8.727
340	0.561	690	2.363	1040	5.202	1390	8.839

（续）

工作端温度/℃	热电动势/mV	工作端温度/℃	热电动势/mV	工作端温度/℃	热电动势/mV	工作端温度/℃	热电动势/mV
1400	8.952	1510	10.210	1620	11.491	1730	12.776
1410	9.065	1520	10.325	1630	11.608	1740	12.892
1420	9.178	1530	10.441	1640	11.725	1750	13.008
1430	9.291	1540	10.558	1650	11.842	1760	13.124
1440	9.405	1550	10.674	1660	11.959	1770	13.239
1450	9.519	1560	10.790	1670	12.076	1780	13.354
1460	9.634	1570	10.907	1680	12.193	1790	13.470
1470	9.748	1580	11.024	1690	12.310	1800	13.585
1480	9.863	1590	11.441	1700	12.426		
1490	9.979	1600	11.257	1710	12.543		
1500	10.094	1610	11.374	1720	12.659		

表 D-2　铂铑$_{10}$—铂（S型）热电偶分度表

工作端温度/℃	热电动势/mV	工作端温度/℃	热电动势/mV	工作端温度/℃	热电动势/mV	工作端温度/℃	热电动势/mV
-40	-0.194	210	1.525	460	3.843	710	6.384
-30	-0.150	220	1.611	470	3.941	720	6.489
-20	-0.103	230	1.697	480	·4.039	730	6.596
-10	-0.053	240	1.785	490	4.138	740	6.702
0	-0.000	250	1.873	500	432367	750	6.809
10	0.055	260	1.962	510	4.336	760	6.916
20	0.113	270	2.051	520	4.435	770	7.024
30	0.172	280	2.141	530	4.535	780	7.132
40	0.234	290	2.232	540	4.635	790	7.240
50	0.298	300	2.323	550	4.736	800	7.349
60	0.364	310	2.415	560	4.837	810	7.458
70	0.432	320	2.507	570	4.938	820	7.568
80	0.501	330	2.600	580	5.039	830	7.678
90	0.572	340	2.693	590	5.141	840	7.789
100	0.645	350	2.787	600	5.243	850	7.889
110	0.719	360	2.811	610	5.345	860	8.010
120	0.794	370	2.975	620	5.448	870	8.122
130	0.871	380	3.070	630	5.551	880	8.234
140	0.949	390	3.165	640	5.654	890	8.346
150	1.028	400	3.261	650	5.757	900	8.458
160	1.108	410	3.357	660	5.861	910	8.571
170	1.190	420	3.454	670	5.965	920	8.684
180	1.272	430	3.550	680	6.069	930	8.797
190	1.355	440	3.647	690	6.174	940	8.910
200	1.440	450	3.745	700	6.278	950	9.024

（续）

工作端温度/℃	热电动势/mV	工作端温度/℃	热电动势/mV	工作端温度/℃	热电动势/mV	工作端温度/℃	热电动势/mV
960	9.138	1130	11.126	1300	13.175	1470	15.215
970	9.253	1140	11.245	1310	13.296	1480	15.336
980	9.368	1150	11.364	1320	13.418	1490	15.456
990	9.483	1160	11.484	1330	13.539	1500	15.576
1000	9.598	1170	11.604	1340	13.611	1510	15.697
1010	9.714	1180	11.724	1350	13.783	1520	15.817
1020	9.830	1190	11.845	1360	13.904	1530	15.927
1030	9.946	1200	11.965	1370	14.026	1540	16.057
1040	10.063	1210	12.085	1380	14.147	1550	16.176
1050	10.180	1220	12.206	1390	14.269	1560	16.296
1060	10.297	1230	12.327	1400	14.390	1570	16.415
1070	10.415	1240	12.448	1410	14.512	1580	16.534
1080	10.533	1250	12.569	1420	14.633	1590	16.653
1090	10.651	1260	12.690	1430	14.754	1600	16.771
1100	10.769	1270	12.811	1440	14.875		
1110	10.888	1280	12.932	1450	14.997		
1120	11.007	1290	13.054	14601	15.094		

表 D-3　镍铬—镍硅（K型）热电偶分度表

工作端温度/℃	热电动势/mV	工作端温度/℃	热电动势/mV	工作端温度/℃	热电动势/mV	工作端温度/℃	热电动势/mV
-270	-6.458	-80	-2.920	110	4.509	300	12.209
-260	-6.441	-70	-2.587	120	4.920	310	12.624
-250	-6.404	-60	-2.243	130	5.328	320	13.040
-240	-6.344	-50	-1.889	140	5.735	330	13.457
-230	-6.262	-40	-1.527	150	6.138	340	13.874
-220	-6.158	-30	-1.156	160	6.540	350	14.293
-210	-6.035	-20	-0.778	170	6.941	360	14.713
-200	-5.891	-10	-0.392	180	7.340	370	15.133
-190	-5.730	0	0.000	190	7.739	380	15.554
-180	-5.550	10	0.397	200	8.138	390	15.975
-170	-5.543	20	0.798	210	8.539	400	16.397
-160	-5.141	30	1.203	220	8.940	410	16.820
-150	-4.913	40	1.612	230	9.343	420	17.243
-140	-4.669	50	2.023	240	9.747	430	17.667
-130	-4.411	60	2.436	250	10.153	440	18.091
-120	-4.138	70	2.851	260	10.561	450	18.516
-110	-3.852	80	3.267	270	10.971	460	18.941
-100	-3.554	90	3.682	280	11.382	470	19.366
-90	-3.243	100	4.096	290	11.795	480	19.792

（续）

工作端温度/℃	热电动势/mV	工作端温度/℃	热电动势/mV	工作端温度/℃	热电动势/mV	工作端温度/℃	热电动势/mV
490	20.218	720	29.965	950	39.314	1180	48.105
500	20.644	730	30.382	960	39.708	1190	48.473
510	21.071	740	30.798	970	40.101	1200	48.838
520	21.497	750	31.213	980	40.494	1210	49.202
530	21.924	760	31.628	990	40.885	1220	49.565
540	22.350	770	32.041	1000	41.276	1230	49.926
550	22.776	780	32.453	1010	41.665	1240	50.286
560	23.203	790	32.865	1020	42.053	1250	50.644
570	23.629	800	33.275	1030	42.440	1260	51.000
580	24.055	810	33.685	1040	42.826	1270	51.355
590	24.480	820	34.093	1050	43.211	1280	51.708
600	24.905	830	34.501	1060	43.595	1290	52.060
610	25.330	840	34.908	1070	43.978	1300	52.410
620	25.755	850	35.313	1080	44.359	1310	52.759
630	26.179	860	35.718	1090	44.740	1320	53.106
640	26.602	870	36.121	1100	45.119	1330	53.451
650	27.025	880	36.524	1110	45.497	1340	53.975
660	27.447	890	36.925	1120	45.873	1350	54.138
670	27.869	900	37.326	1130	46.249	1360	54.479
680	28.289	910	37.725	1140	46.623	1370	54.819
690	28.710	920	38.124	1150	46.995		
700	29.129	930	38.522	1160	47.367		
710	29.548	940	38.918	1170	47.737		

表 D-4　镍铬—铜镍（E 型）热电偶分度表

工作端温度/℃	热电动势/mV	工作端温度/℃	热电动势/mV	工作端温度/℃	热电动势/mV	工作端温度/℃	热电动势/mV
-50	-3.11	80	5.48	210	15.48	340	26.30
-40	-2.50	90	6.21	220	16.30	350	27.15
-30	-1.89	100	6.95	230	17.12	360	28.01
-20	-1.27	110	7.69	240	17.95	370	28.88
-10	-0.64	120	8.43	250	18.76	380	29.75
0	0.00	130	9.18	260	19.59	390	30.62
10	0.65	140	9.96	270	20.42	400	31.48
20	1.31	150	10.69	280	21.24	410	32.34
30	1.98	160	11.46	290	22.07	420	33.21
40	2.66	170	12.24	300	22.90	430	34.09
50	3.35	180	13.03	310	23.74	440	34.94
60	4.05	190	13.84	320	24.59	450	35.81
70	4.76	200	14.66	330	25.44	460	36.67

（续）

工作端温度/℃	热电动势/mV	工作端温度/℃	热电动势/mV	工作端温度/℃	热电动势/mV	工作端温度/℃	热电动势/mV
470	37.54	560	45.44	650	53.39	740	61.20
480	38.41	570	46.33	660	54.26	750	62.06
490	39.28	580	47.22	670	55.12	760	62.92
500	40.15	590	48.11	680	56.00	770	63.73
510	41.02	600	49.01	690	56.87	780	64.64
520	41.90	610	49.89	700	57.74	790	65.50
530	42.78	620	50.76	710	58.57	800	66.36
540	43.67	630	51.64	720	59.47		
550	44.55	640	52.51	730	60.32		

附录 E　检测仪表及故障诊断

一、检测仪表的组成

一般检测仪表的基本组成大致可分为以下几部分：

1. 传感部分

传感部分的作用是感受被测参数的变化，拾取原始信号，并把它变换成放大部分或显示部分所能接收的信号，然后传递出去。传感部分也称为检测元件，例如，弹簧管压力表中的弹簧管、热电高温计中的热电偶等就是传感部分。在许多仪表中，常常是依靠仪表的传感部分将被测的非电量转换成电量。传感部分是检测仪表必不可少的重要组成部分，因为如果连原始信号都无法拾取，也就谈不上对信号的进一步处理了。

2. 转换放大部分

转换放大部分的作用是：放大部分将传感部分输出的微弱信号进行放大，以便于传输和显示；转换部分是为了便于进行信号处理而进行的模/数（A/D）或数/模（D/A）转换。此外，如果传感部分的输出信号是非电量，而显示记录部分要求输入电信号时，还须在转换放大部分完成非电量—电量的转换。

3. 显示记录部分

显示记录部分的作用是显示或记录被测参数的测量结果。常见的显示记录部件有指针表盘、记录器、数字显示器、打印机和荧光屏图形显示器等。

4. 数据处理部分

对于一些比较复杂的检测仪表，在其感受信号至最终显示之间，有时还有一套数据加工和处理环节，包括计算和校正环节。

二、检测仪表的分类

工业生产中所用的检测仪表，其结构与形式是多种多样的，可以根据不同的原则进行相应的分类。常见的分类方法如下：

1. 按被测参数分类

按被测参数的不同,检测可分为温度检测仪表、压力检测仪表、流量检测仪表、物位检测仪表、机械量检测仪表和工业分析仪表等。其中,机械量检测仪表和工业分析仪表还可根据被测的具体参数进一步划分,如转速表、加速度计、pH 计和溶解氧测定仪等。按被测参数的不同进行分类是工业检测仪表中最常见的分类方法。

2. 按检测原理或检测元件分类

按检测原理或检测元件的不同进行分类,检测仪表有弹簧管压力表、活塞式压力计、靶式流量计、转子流量计、电磁流量计、超声波流量计等。

3. 按仪表输出信号的特点与形式分类

按仪表输出信号的特点与形式大致可进行以下划分:

(1)开关报警式。当被测参数的大小达到某一定值时,仪表发出开关信号或报警。例如,一氧化碳报警器,当室内空气中的 CO 含量达到一定数值时,即可发出报警信号。又如,安装在管道中的流量开关可以判断管道中有无流体流动,在食品发酵工业和其他化工类生产过程中,可用作进料指示器和保险装置。

(2)模拟式。检测仪表的输出信号是连续变化的模拟量,如各种指针式仪表以及笔式记录仪表等。

(3)数字式。检测仪表的输出信号是离散的数字量。由于以数字形式给出测量结果,因此避免了人为的读数误差,而且其输出信号便于与计算机连接进行数据处理及实现数控加工。

(4)远传变送式。这类检测仪表常称为变送器,是一种单元组合式仪表。它与其他单元组合式仪表(如调节单元、显示单元等)之间以统一标准信号联系,一般用于工业生产过程的在线检测和自动控制系统中。

三、变送器

变送器是由传感器发展而来的,凡是输出标准信号的单元组合式仪表就称为变送器。标准信号是指物理量的形式和数值范围都符合国际标准的信号。例如,直流电流 4mA ~ 20mA、空气压力 20kPa ~ 100kPa 都是当前通用的标准信号。我国还有不少变送器以直流电流 0mA ~ 10mA 为输出信号。无论被测变量是哪种物理或化学参数,也不论测量范围如何,经过变送器之后的信息都必须包含在标准信号之中。根据所使用的能源不同,变送器分为气动和电动两种。

1. 气动变送器

气动变送器以干燥、洁净的压缩空气作能源,它能将各种被测参数(如温度、压力、流量和液位等)变换成 0.02MPa ~ 0.1MPa 的气压信号,以便传送给调节、显示等单元组合式仪表,供指示、记录或调节。气动变送器的结构比较简单,工作比较可靠,对电磁场、放射线及温度、湿度等环境影响的抗干扰能力较强,能防火防爆,价格也比较便宜。其缺点是响应速度较慢,传送距离受到限制,与计算机连接比较困难。

2. 电动变送器

电动变送器以电为能源,信号之间联系比较方便,适用于远距离传送,便于和电子计算机连接。近年来也可做到防爆以利安全使用。其缺点是投资一般较高,受温度、湿度、电磁场和放射线的干扰影响较大。电动变送器能将各种被测参数变换为 0mA ~ 10mA 或 4mA ~ 20mA(直流电流的统一标准信号),以便传送给自动控制系统中的其他单元(其中 4mA ~ 20mA 直流电流为国际标准信号)。

有了统一的信号形式和数值范围,就便于把各种变送器和其他仪表组成检测系统或调节系统。无论什么仪表和装置,只要有同样标准的输入电路或接口,就可以从各种变送器获得被测变量的信息。这样,兼容性和互换性大为提高,仪表的配套也极为方便。

四、检测仪表的故障判断

轻化工生产过程中经常会出现仪表故障现象。检测与控制过程中出现的故障现象比较复杂,正确判断、及时处理仪表故障,不但直接关系到生产的安全与稳定,涉及到产品的质量和消耗,而且也最能反映出操作人员的实际工作能力和业务水平。要提高仪表故障判断能力,除了对仪表工作原理、结构、性能、特点熟悉外,还需熟悉检测系统中每一个环节,对工艺介质的特性、设备的特性应有所了解,这样有助于分析和判断故障现象。下面介绍温度、流量、压力和液位等常用物理量检测故障的判断思路。

1. 温度检测故障的判断

故障现象:温度指示不正常,偏高或偏低,或变化缓慢甚至不变化等。

以热电偶作为测温元件进行说明。首先应了解工艺状况,可以询问工艺人员被测介质的情况及仪表安装位置,是气相还是液相。因为是正常生产过程中的故障,不是新安装的热电偶,所以,可以排除热电偶和补偿导线极性接反、热电偶或补偿导线不配套等因素。排除上述因素后可以按以下思路逐步进行判断和检查。

(1)检查:① 有温度变送器时是否指示为 $1V \sim 5V$ 的直流电压;② 无温度变送器时,相应热电偶是否为毫伏信号;③ 检查控制系统的输入接口。若存在问题,调校显示仪表。

(2)检查热电偶接线盒:① 是否进水;② 接线柱之间是否短路;③ 端子是否锈蚀。若存在问题,进行处理。

(3)测量毫伏信号,若存在问题,调校温度变送器。

(4)抽出热电偶检查:① 保护套管内是否进入工艺介质;② 陶瓷绝缘是否损坏。存在问题,则进行相应的处理。

(5)检查冷端温度是否有变化,冷端温度若有变化,调整冷端温度。

(6)检查补偿导线是否绝缘、老化,若不绝缘或老化,更换补偿导线,

(7)检查工艺因素:① 如检测干燥机内物料温度,则是由于工艺、设备原因造成物料温度局部不均匀;② 如检测储槽物料温度,则是由于液面过低或热电偶在气相,造成温度指示发生变化;③ 热电偶保护套管外结垢严重。对其存在问题,则进行处理。

2. 流量检测故障的判断

故障现象:流量指示不正常,偏高或偏低。

以电动差压变送器为例(1151DP、1751DP)进行说明。在处理故障时,应向工艺人员了解故障情况,了解工艺情况,如被测介质情况、机泵类型、简单工艺流程等。故障处理可按以下思路进行判断和检查。

(1)检查显示仪表输入信号:① 有开方器时,应检查开方器的输入信号;② 对集散控制系统检查输入接口。若存在上述问题,则进行相应处理:① 调校显示仪表;② 调校开方器。

(2)检查差压变送器零位(关正负取压阀,开平衡阀)。不在零位,调零点。

(3)检查三阀组的平衡阀是否内漏。

(4)检查:① 导压管有否堵;② 隔离液有否冲走。若导压管堵住,则打开排污阀排污;若

隔离液冲走,则重新加隔离液。

（5）对差压变送器就地校正或送检定室校正;检查安保器、电源系统,检查信号线路。

（6）检查工艺原因:① 流量实际工况偏离设计工况甚大;② 流量传输系统阻力分配不平衡,如造成离心泵扬程大小,流量过大;③ 工艺介质存在气液两相;④ 工艺管道内有堵塞现象,造成局部涡流等。对其存在的问题,进行相应的处理。

3. 压力检测故障的判断

故障现象:某一化工容器压力指示不正常,偏高或偏低,或不变化。

以电动压力变送器为例(1151GP、1751GP)进行说明。首先了解被测介质是气体、液体还是蒸汽,了解简单工艺流程。有关故障判断、处理可按以下思路进行。

（1）检查:① 显示仪表输入信号;② 若使用集散控制系统,则检查输入接口。若存在问题,调校显示仪表。

（2）检查压力变送器零位,关闭取压阀,打开排污阀,或松开取压接头。压力变送器不在零位,则调零点。

（3）检查取压管线:测气体是否堵,是否有冷凝液;测蒸汽是否冻或堵;测液体是否堵或冻,隔离液是否冲走。若存在上述问题,则分别进行相应的处理。若有保温,要检查保温状况。

（4）调校压力变送器。

（5）检查工艺因素,与工艺人员商讨解决。

4. 液位检测故障的判断

故障现象:液位指示不正常,偏高或偏低。

以电动浮筒液位变送器作为检测仪表。首先要了解工艺状况、工艺介质,被测对象是精馏塔、反应釜,还是储罐(槽)、反应器。浮筒液位计有关液位(物位)检测故障判断按以下思路进行。

（1）检查:① 显示仪表输入信号;② 若使用集散控制系统,检查输入接口。若存在上述问题,则调校显示仪表。

（2）检查浮筒液位计零位,关闭取压阀,打开排污阀清洗浮筒。若不在零位,则调零点,也可以调校浮筒液位计。

（3）检查浮筒液位计顶部排气阀和气相连接法兰是否泄漏。若有泄漏,则消除泄漏。

（4）检查玻璃液位计:① 是否取压阀门处堵;② 是否顶部放气阀漏。若有,则消除假液位现象。

（5）检查工艺原因:若工艺介质的密度有较大的变化,进行调整。

需要注意,测量液位时,往往同时配置玻璃液位计,工艺人员以现场玻璃液位计为参照,判断电动浮筒液位变送器指示偏高或偏低,因为玻璃液位计比较直观。

附录 F　抗干扰技术

测量仪表或传感器工作现场的环境条件往往是很复杂的。各种干扰通过不同的耦合方式进入测量系统,使测量结果偏离准确值,严重时甚至使测量系统不能正常工作。为保证测量装置或测量系统在各种复杂的环境条件下正常工作,就必须研究抗干扰技术。

抗干扰技术是检测技术中一项重要的内容,它直接影响测量工作的质量和测量结果的可靠性。因此,测量中必须对各种干扰给予充分的注意,并采取有关的技术措施,把干扰对测量的影响降低到最低或容许的限度。

测量中,把来自测量系统内部和外部、影响测量装置或传输环节正常工作和测试结果的各种因素的总和,称为干扰(噪声);而把消除或削弱各种干扰影响的全部技术措施,总称为抗干扰技术或称为防护。

一、干扰的类型

1. 电和磁的干扰

电和磁可以通过电路和磁路对测量仪表产生干扰作用,电场和磁场的变化也会在测量装置的有关电路或导线中感应出干扰电压,从而影响测量仪表的正常工作。这种电和滋的干扰对于传感器或各种检测仪表来说是最为普遍和影响最严重的干扰。因此,必须认真对待这种干扰,这也是本节讨论的重点。

2. 机械的干扰

机械的干扰是指由于机械的振动或冲击,使仪表或装置中的电气元件发生振动、变形,使连接线发生位移,使指针发生抖动、仪器接头松动等。

对于机械类的干扰,主要是采取减振措施来解决,如采用减振弹簧、减振软垫、隔板、消振等措施。

3. 热的干扰

设备和元器件在工作时产生的热量所引起的温度波动和环境温度的变化都会引起仪表和装置的电路元器件参数发生变化,以及某些测量装置中因一些条件的变化产生某种附加电势等,影响了仪表或装置的正常工作。对于热的干扰,工程上常用的保护措施有:选用低温漂、低功耗、低发热组件;进行温度补偿;设置热屏蔽;加强散热;采取恒温等。

4. 光的干扰

在检测仪表中广泛使用着各种半导体元件,但半导体元件在光的作用下会改变其导电性能,产生电势,这均引起阻值变化,从而影响检测仪表的正常工作。因此,半导体元器件应封装在不透光的壳体内。对于具有光敏作用的元件,尤其应注意光的屏蔽问题。

5. 湿度干扰

湿度过高会引起绝缘体的绝缘电阻下降,漏电流增加;电介质的介电系数增加,电容量增加;吸潮后骨架膨胀使线圈阻值增加,电感器发生变化;应变片粘贴后,胶质变软,精度下降等。通常采取的措施是避免将仪器放在潮湿处,仪器装置定时通电加热(去潮),将电子器件和印制电路浸漆或用环氧树脂封灌等。

6. 化学的干扰

酸、碱、盐等化学物品以及其他腐蚀性气体具有化学腐蚀性作用,将会损坏仪器设备和元器件,而且能与金属导体产生化学电动势,从而影响仪器设备的正常工作。因此,必须根据使用环境对仪器设备进行必要的防腐措施,将关键的元器件密封并保持仪器设备清洁干净。

7. 射线辐射的干扰

核辐射能产生很强的电磁波,射线会使气体电离,使金属逸出电子,从而影响到电测装置的正常工作。射线辐射的防护是一项专门的技术,主要用于原子能工业。

二、电磁干扰的来源

1. 放电干扰

（1）天体和天电干扰。天体干扰是由太阳或其他恒星辐射电磁波所产生的干扰。天电干扰是由雷电、大气的电离作用、火山爆发及地震等自然现象所产生的电磁波和空间电位变化所引起的干扰。

（2）电晕放电干扰。电晕放电下扰主要发生在超高压大功率输电线路和变压器、大功率互感器、高电压输变电等设备上。电晕放电具有间歇性，并产生脉冲电流。电晕放电过程会产生高频振荡，并向周围辐射电磁波。其衰减特性一般与距离的平方成反比，所以，对一般检测系统影响不大。

（3）火花放电干扰。如电动的电刷和整流期间的周期性瞬间放电、电焊、电火花、加工机床、电气开关设备中的开关通断、电气机车和电车导电线与电刷间的放电等。

（4）辉光、弧光放电干扰。通常放电管具有负阻抗特性，当和外电路连接时，容易引起高频振荡，如大量使用荧光灯、霓虹灯等。

2. 电气设备干扰

（1）射频干扰。电视、广播、雷达及无线电收发机等对邻近电子设备造成和干扰。

（2）工频干扰。大功率配电线与邻近检测系统的传输线通过耦合产生的干扰。

（3）感应干扰。当使用电子开关、脉冲发生器时，因为其工作中使电流发生急剧变化，形成非常陡峭的电流、电压前沿，具有一定的能量和丰富的高次谐波分量，则在其周围产生交变电磁场，从而引起感应干扰。

三、抑制干扰的方法

为了保证测量系统正常工作，必须削弱和防止干扰的影响，例如，消除或抑制干扰源，破坏干扰途径以及削弱被干扰对象（接收电路）对干扰的敏感性等。通过采取各种抗干扰技术措施，使仪器设备能稳定可靠地工作，从而提高测量的精确度。

（1）消除或抑制干扰源。如使产生干扰的电气设备远离检测装置；对继电器、接触器、断路器等采取触头灭弧措施，或改用无触头开关；消除电路中的虚焊、假接等。

（2）破坏干扰途径。提高绝缘性能，采用变压器、光电耦合器隔离以切断"路"经；利用退耦、滤波及选频等电路手段引导干扰信号转移；改变接地形式，消除共阻抗耦合干扰途径；对数字信号可采用限幅、整形等信号处理方法，或选通控制方法切断干扰途径。

（3）削弱阶段后电路对干扰的敏感性。例如，电路中的选频措施可以削弱对全频带噪声的敏感性，负反馈可以有效削弱内部噪声源，其他如对信号采用绞线传输或差动输入电路等。

四、常用的抗干扰技术

常用的抗干扰技术有屏蔽、接地、浮置、滤波、隔离等技术。

1. 屏蔽技术

利用铜或铝等低电阻材料制成的容器，将需要防护的部分包起来，或者利用导磁性良好的铁磁材料制成的容器将需要防护的部分包起来，此种防止静电或电磁的相互感应所采用的技术措施称为屏蔽。屏蔽的目的就是隔断场的耦合通道。

1）静电屏蔽

在静电场作用下,导体内部无电力线,即各点电位相等。静电屏蔽就是利用了与大地相连接的导电性良好的金属容器,使其内部的电力线不外传,同时外部的电场也不影响其内部。

使用静电屏蔽技术时,应注意屏蔽体必须接地,否则虽然体内无电力线,但导体外仍有电力线,导体仍受到影响,起不到静电屏蔽的作用。

2）电磁屏蔽

电磁屏蔽是采用导电良好的金属材料做成屏蔽层,利用高频干扰电磁场在屏蔽金属内产生的涡流,再利用涡流磁场抵消高频干扰磁场的影响,从而达到抗高频电磁场干扰的效果。

电磁屏蔽依靠涡流产生作用,因此必须用良导体(如铅、铝等)做屏蔽层。考虑到高频趋肤效应,高频涡流仅在屏蔽层表面一层,因此屏蔽层的厚度只需考虑机械强度。

将电磁屏蔽妥善接地后,具有电场屏蔽和磁场屏蔽两种功能。

3）低频磁屏蔽

电磁屏蔽对低频磁场干扰的屏蔽效果是很差的,因此在低频磁场干扰时,要采用高导磁材料作屏蔽层,以便将干扰限制在磁阻很小的磁屏蔽体的内部,起到抗干扰的作用。

为了有效地屏蔽低频磁场,屏蔽材料要选用坡莫合金之类对低频磁通有高导磁系数的材料,同时要有一定厚度,以减少磁阻。

4）驱动屏蔽

驱动屏蔽就是用被屏蔽导体的电位,通过1:1电压跟随器来驱动屏蔽层导体的电位,其原理如图 F-1 所示。具有较高交变电位 U_n 干扰源的导体 A 与屏蔽层 D 间有寄生电容 C_{s1},面 D 与被防护导体 B 之间有寄生电容 C_{s2},Z_i 为导体 B 对地阻抗。为了消除 C_{s1}、C_{s2} 的影响,图 F-1 中采用了由运算放大器构成的 1:1 电压跟随器 R。设电压跟随器在理想状态下工作,导体 B 与屏蔽层 D 间绝缘电阻为无穷大,并且等电位。因此在导体 B 外,屏蔽层 D 内空间无电场,各点电位相等,寄生电容 C_{s2} 不起作用,所以,交变电位 U_n、干扰源 A 不会对 B 产生干扰。

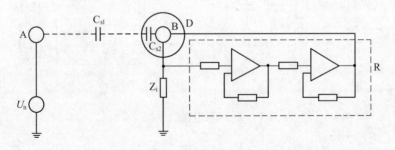

图 F-1　驱动屏蔽

应该指出的是,驱动屏蔽中所应用的1:1电压跟随器,不仅要求其输出电压与输入电压的幅值相同,而且要求两者相位一致。实际上,这些要求只能在一定程度上得到满足。

2. 接地技术

接地是保证人身和设备安全、抗噪声干扰的一种技术方法。合理地选择接地方式是抑制电容性耦合、电感性耦合及电阻耦合,是减小或削弱干扰的重要措施。

1）电测装置的地线

（1）保安接地。以安全防护为目的,将电测装置的机壳、底盘等接地,要求接地电阻在 10Ω 以下。

（2）信号接地。信号接地是指电测装置中的零电位(基准电位)接地线,但不一定真正接大地。

信号地线分为模拟信号地线和数字信号地线两种。前者是指模拟信号的零电平公共线,因为模拟信号一般较弱,所以,对该种地线要求较高;后者是指数字信号的零电平公共线,数字信号一般较强,因此对该种地线可要求低些。

（3）信号源接地。传感器可看作是非电量测量系统的信号源。信号源地线就是传感器本身的零电位电平基准公共线。由于传感器与其他电测装置相隔较远,因此它们在接地要求上有所不同。

（4）负载接地。负载中电流一般较前级信号电流大得多,负载地线上的电流在地线中产生的干扰作用也大,因此对负载地线与对测量仪器中的地线有不同的要求。有时二者在电气上是相互绝缘的,它们之间通过磁耦合或光耦合传输信号。

2）电路一点接地准则

（1）单级一点接地准则。如图 F-2(a)所示,单级选频放大器的原理电路上有 7 个线端需要接地。如果只从原理图的要求进行接线,则这 7 个线端可以任意地接在接地母线上的不同位置上。这样,不同点间的电位差就有可能成为这级电路的干扰信号。因此应接成如图 F-2(b)的一点接地方式。

（2）多级电路一点接地。在图 F-3 (a)所示的多级电路中,利用一段公用地线后,再在一点接地。它虽然避免了多点接地可能产生的干扰,但是在这段公用地线上却存在着 A、B、C

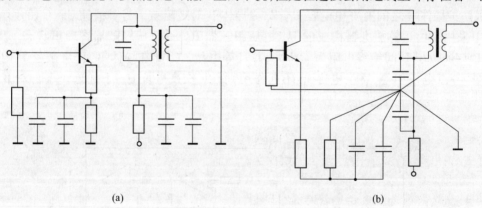

(a)　　　　　　　　　　　　　(b)

图 F-2　单级电路的一点接地

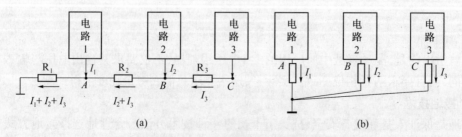

(a)　　　　　　　　　　　　　(b)

图 F-3　多级的电路一点接地

三点不同的对地电位差。

当各级电平相差较大时,高电平电路将会产生较大的地电流,并干扰到低电平电路中去。只有当级数不多、电平相差不大时,这种接地方式可勉强使用。图 F-3(b)采用了分别接地方式,适用于 1MHz 以下低频电路,它们只与本电路的地电流和地线阻抗有关。

3)测量系统的接地

通常测量系统至少有三个分开的地线,即信号地线、保护地线和电源地线。这三种地线应分开设置,并通过一点接地。图 F-4 说明了这两种地线的接地方式。若使用交流电源,电源地线和保护地线相接,干扰电流不可能在信号电路中流动,避免因公共地线各点电位不均所产生的干扰。这是消除共阻抗耦合干扰的重要方法。

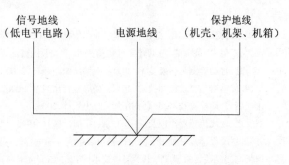

图 F-4　各种地线的分开设置

3. 浮置

浮置又称浮空、浮接。它是指测量仪表的输入信号放大器公共线不接机壳,也不接大地的一种抑制干扰的措施。采用浮接方式的测量系统如图 F-5 所示。信号放大器有相互绝缘的两层屏蔽,内屏蔽层延伸到信号源处接地,外屏蔽层也接地,但放大器两个输入端既不接地,也不接屏蔽层,整个测量系统与屏蔽层及大地之间无直接联系,从而切断了地电位差 U_n 对系统影响的通道,抑制了干扰。

浮置与屏蔽接地相反,是阻断干扰电流的通路。测量系统被浮置后,明显地加大了系统的信号放大器公共线与大地(或外壳)之间的阻抗,因此浮置能大大减小共模干扰电流,但浮置不是绝对的,不可能做到完全浮空。其原因是信号放大器公共线与地(或外壳)之间,虽然电阻值很大,可以减小电阻性漏电流干扰,但是它们之间仍然存在着寄生电容,即电容性漏电流干扰仍然存在。

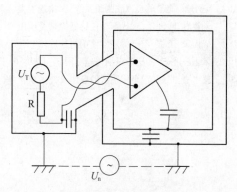

图 F-5　浮置的测量装置

4. 其他抑制干扰措施

除了屏蔽、接地和浮置抗干扰技术外,在仪表中还经常采用调制、解调技术,滤波技术和隔离(一般用变压器作前隔离,光电耦合器作后隔离)技术。通过调制—选频放大—解调—滤波,只放大输出有用信号,抑制无用的干扰信号。滤波的类型有低通滤波、高通滤波、带通滤波和带阻滤波等,起选频作用。隔离,主要防止后级对前级的干扰。这些都是电子技术中常用的方法,在此不作赘述。

参 考 文 献

[1] 王煜东. 传感器及应用. 北京：机械工业出版社,2010.

[2] 梁森,王侃夫,黄杭美. 自动转换与转换技术. 北京：机械工业出版社,2009.

[3] 邓海龙. 自动检测与转换技术. 北京：中国纺织出版社,2000.

[4] 吴旗. 传感器与自动检测技术. 北京：高等教育出版社,2006.

[5] 宋文绪. 自动检测技术. 北京：冶金工业出版社,2000.

[6] 贺安之. 现代传感器原理及应用. 北京：宇航出版社,1995.

[7] 齐亮,赵茂程,等. 一种用于测量饮料包装中液位的电容传感器. 传感器学报,2009(1)：45 - 49.

[8] 田华,袁振东、赵明忠,等. 电子测量技术. 西安：西安电子科技大学出版社,2005.

[9] 邓海龙. 传感器与检测技术. 北京：中国纺织出版社,2008.

[10] 宋文绪,杨帆. 传感器与检测技术. 北京：高等教育出版社,2004.

[11] 赵桂娟. 光栅传感器在数控机床中的应用. 煤矿机械,2009(6)：171 - 172.

[12] 殷淑英. 传感器应用技术. 北京：冶金工业出版社,2008.

[13] 张岩. 传感器应用技术. 福州：福建科学技术出版社,2006.

[14] 吴俊才,赵东. 霍耳磁力测速仪. 咸宁学院学报,2010(6)：17 - 19.

[15] 贾伯年,俞朴. 传感器技术. 南京：东南大学出版社,2006.

[16] 赵小强. 简易的超声波测距系统. 天津理工大学学报,2010(1)：49 - 52.

[17] 刘迎春,叶湘滨. 现代新型传感器原理及应用. 北京：国防工业出版社,1998.

[18] 陈丙辰,王银. 汽车传感器使用与检修. 北京：金盾出版社,2002.

[19] 宋福昌. 汽车传感器识别与检测图解. 北京：电子工业出版社,2003.

[20] 赵永刚,张超. 汽车传感器的应用及技术现状. 汽车零部件,2010(9)：40 - 42.